软件架构师成长之路

软件品质之完美管理
——实战经典

颜廷吉　编著

机械工业出版社

本书内容可划分为软件品质理论要点、开发中的品质管理、运营中的品质管理及品质预防四大部分。

第一部分是第 1 章，介绍了软件品质相关的理论基础与概念。

第二部分是本书第 2 章到第 10 章，主要介绍软件开发中所必备品质管理技能体系。第 2 章介绍了品质管理要点及大致流程；第 3 章与第 4 章介绍了品质注入阶段中具体的定量与定性品质管理技能；第 5 章与第 6 章是对品质验证阶段中具体的定量与定性品质管理技能的介绍；第 7 章重点介绍了软件开发过程中必备的文件种类与文档写作技巧；第 8 章主要介绍了架构品质管理方面应该考虑的要点；第 9 章介绍了各种品质管理要领；第 10 章介绍了品质开发与运营中重要的常用工具等。

第三部分是本书第 11 章，主要内容是介绍软件运营时必备的品质管理技能。

第四部分是第 12 章，主要介绍架构师自我修炼的必备技巧。

本书适合软件工程师、架构师、软件产品经理和软件品质管理员提升自身软件品质管理水平使用；还适用于那些有志于成为软件架构师的其他软件从业人员自学使用；也可以作为各大院校相关专业师生参考；各大培训机构也可将本书作为软件工程、软件架构等方面的培训教材。

图书在版编目（CIP）数据

软件品质之完美管理：实战经典/颜廷吉编著 . —北京：机械工业出版社，2017. 12

（软件架构师成长之路）

ISBN 978-7-111-59294-5

Ⅰ. ①软…　Ⅱ. ①颜…　Ⅲ. ①软件质量 - 质量管理　Ⅳ. ①TP311. 5

中国版本图书馆 CIP 数据核字（2018）第 039341 号

机械工业出版社（北京市百万庄大街 22 号　邮政编码 100037）

策划编辑：丁　诚　　责任编辑：丁　诚

责任校对：张艳霞

保定市中画美凯印刷有限公司印刷

2018 年 6 月第 1 版 · 第 1 次印刷

184mm×260mm · 16.25 印张 · 378 千字

0001 - 3500 册

标准书号：ISBN 978-7-111-59294-5

定价：59.00 元

序

随着大数据、物联网等 IT 技术的兴起，诞生了诸多新兴 IT 企业，实实在在地改变我们的生活方式。但不可否认的是，当前国内软件开发企业在品质管理水平方面与日本、美国等发达国家还存在一定的差距。

颜廷吉是我的北京大学的同学，他在专业上的精研及对产品品质的严格要求令我敬佩。在赴日之初他曾告诉我，要把日本在品质管理方面的技术学会。为此，他牺牲个人业余时间，十年如一日地潜心研究花费大量心血编写了"软件架构师成长之路"系列课程的初级篇《Java 代码与架构之完美优化——实战经典》。此书上市之后好评如潮，并被权威论坛 51CTO 评为"2016 年度 IT 技术类之最吸引读者的原创类图书"，可谓功夫不负有心人。相信很多程序员朋友读后能从中获得知识和启发，在个人技术上有所收获。

本书正是作者在日本十年的一线实践的结晶，向我们展示了日本软件开发企业先进的精细化品质管理技术与理论体系。这种精益求精的"工匠精神"，对产品开发有着重大的现实意义。

首先，它能大大节约开发成本。通过模块化的设计与管理，能够实现系统开发流程的精细分工，方便每个模块的独立开发。这种看似费时的细节把控，实则在整体开发上却是节约了时间和人力，同时也避免了过多的测试成本。

其次，它提高了软件架构自身的品质。书中介绍的横向与纵向的精细化品质管理思维，把架构设计提升到了前所未有的新高度。架构设计的清晰与简洁，避免了"牵一发而动全身"的大幅修改。我们在建设一幢大楼时，设计品质非常重要；同样，在设计与开发系统时，系统的架构设计亦是如此。这种精巧的设计，配合自动化代码生成工具，可以发挥架构的四两拨千斤之力。

最后，架构师自身修炼也是提高品质的内在需求。读者如果掌握了本书所介绍的各种修炼技巧与品质管理技能，并在工作中养成习惯，假以时日定能感受到高品质的要求所带来的收获与喜悦。

我想每个程序员都希望成为一名优秀的架构师，并能主导大型系统的架构设计。要想达到驾驭大型系统开发的水平，起决定作用的往往是对优秀设计思路的探讨，以及不断提升品质的追求——能够参与开发一个设计科学、构思完美的产品所获得的收获，要胜过多次低端的重复工作。本系列教程正是大中型系统开发经验之精华所在，而本书就是这个系列的中级篇，诚望读者朋友们能够开卷有益。

郑夺 谨序

2017 年 3 月 1 日

前　言

程序员修炼内功心法的终极目标就是梦寐以求的架构师。内功心法的修炼需要具备"十八般武艺，八十种技巧"。本书正是继《Java 代码与架构之完美优化——实战经典》后，优秀软件架构师必学的另一本书。无印良品社长松井忠三有句名言：无论什么工作都有"做好工作的诀窍"。他成功的秘密就是找出那些诀窍，并将其规范化，本书亦是如此，不但从宏观上进行了全面深入的软件开发横向与纵向品质管理技能介绍，而且从细节入手形成了品质管理的理论与技巧体系，并使其规范化与实用化。所以这是一部提高软件品质管理技能不可多得的宝典。

从优秀到卓越，对我们技术人员来说，缺少不了工匠精神。因为它代表了我们本身的耐心、专注、坚持、严谨、极致、精益求精等一系列优秀的职业素养，更重要的是，它也是本行业的代表与典范——拥有着无价的文化与精神财富。工匠精神不是口号，而需要在行动中进行修炼与领悟。长久以来，正是由于缺乏对精品的坚持、追求和积累，才使得许多人的个人成长之路崎岖坎坷，它的缺乏也让持久创新变得异常艰难。所以在资源日渐匮乏的后成长时代，重提工匠精神，重塑工匠精神，是生存与发展的必经之路——品质管理精细化时代已经到来，也是品质管理发展的必然之路！对于我们软件行业，过去一句话、一篇说明书就做一个系统的时代已经结束，现在已进入软件精品化时代！可是对于我们来说，如何才可以做到精品的极致呢？也就是我们程序员如何具备工匠精神呢？本书正是培育这种工匠精神所应具有的品质素养的及时雨，也是对我国长期软件开发中缺乏系统、全面品质管理技能的一方良药。

笔者来日本之初就下定决心，要"师夷长技以制夷"——把日本的品质相关技术等引进国内。笔者十多年来在日本一直从事一线软件开发工作，也切实地感受到了世界先进品质管理技术带给日本的各种利益，也很庆幸能够多次参加 NTTDATA 品质管理第一人——西川先生的培训，并曾多次与其探讨品质管理问题。与品质相关的国内外各种资料等，作者这十多年间阅读过近百本上万页。本书是结合笔者多年品质管理经验，花费大量心血，整理、优化、提炼而成——最终目的就是希望读者可以用最少的时间学到最有实用价值的品质管理技能。

品质管理是与我们每个程序员息息相关的必须重视的大事情！很多项目经理都曾有这样的感慨：如果早注意到设计阶段的这个品质问题，项目就不会失败！项目开发是没有后悔药的，为了不再后悔，本书给出了项目开发中应该注意的各种品质管理问题。读者如果在实际项目中运用得当，必定会给项目开发带来事半功倍的意外惊喜。

另外，本书还纠正了很多程序员对品质管理的各种错误认识，如"提高品质就是加强软件测试，品质不好就是没做好测试"。测试当然非常重要，但是，品质是制造出来的，不是检验出来的，测试只是品质验证的手段，不是软件品质管理的全部。

最后，学以致用，通过研读此书而获得的最新品质管理思想与技能，一定要在实际项目开发中利用起来，用以产生实际的价值与效益，这才是笔者写作本书的初衷！

工匠精神

寿司之神的故事

日本有一家没有菜单、没有卫生间，却价格高昂，只有 10 个座位的小寿司店，然而就这样一家小店却要提前一个月预约，而且被认为是"值得用一生去排队的小店"，还曾连续两年荣获美食圣经《米其林指南》三颗星最高评价！它就是寿司之神——小野二郎的寿司店。

小野二郎是日本国宝级人物，也是全球最年长的米其林三星寿司大厨，他做的美食吸引着来自世界各地的游客。他对做寿司有着几十年经验和独到见解。他对食材要求极其苛刻——为保证食材的品质不计成本，而只为做到最好。因此70岁前他一直亲自去菜市场从最信任的商贩那里挑选食材。在食品处理方面，他为保证章鱼柔软而不僵硬，要对章鱼按摩40分钟；为呵护米粒的弹性，他要求米粒温度要接近人的体温。小野二郎将处理过程标准化，保证每样食材都处于最美味的时刻。鲜活且处理得当的食材，保证了寿司的美味，这也表现出他对细节把控的一丝不苟和对劳动的认真负责。

制作寿司，三分靠食材，七分靠手势。他在客人面前全神贯注地捏寿司，食物在灵巧的双手中变形，融入时间味道。然而这样娴熟的技艺需要多年基本功的反复锤炼，才能让手法如天生般成为习惯。他曾说："要爱你的工作，要同你的工作坠入爱河。"他在日复一日重复的基础上诞生新作，在平淡的重复中不失创新。他对寿司的独到见解是他不断思索创新的结果，最终形成了自己特有的寿司文化。

在日本，拥有高难度专业技能的人被称为职人。小野二郎自称职人，也履行职人的本分：对细节一丝不苟，对技艺的完美追求，在重复中精益求精。他将劳动作为修炼，追求平淡中的真味——这种典型的东方智慧切合中国国学的"格物致知"和"知行合一"的思想。他对劳动的认真、苛刻的自律及对完美的追求，使他不但名利双收，而且得到高度的精神回报，这种精神回报也是他不断前行的动力。小野二郎说："我一直在重复做同样的事以求精益求精，我始终向往能有所进步，我会继续向上，努力达到巅峰，但没人知道巅峰在哪里。"这位大师修炼一生，却仍在探寻巅峰的路上——这就是对品质的无限追求。本书之所以名为《软件品质之完美管理》，也是起源于此，同样是激励我们不断追求品质，以达到理想中的完美。

本书与软件架构师

本书是包含了笔者多年品质管理经验之精华，其中，设计阶段品质注入与测试阶段品质验证技能体系是本书的核心，亦是对日本先进的品质管理精髓与技巧的总结。同时，本书还包含品质管理5项解密；6篇品质管理标准范文；7种品质项目检查表；10种品质管理要领；13种品质管理原则；18个实战经典案例；18个温馨提示；40项品质管理技巧；以及完美文档品质、完美运营品质、架构师的自我完美修炼等完整品质分析与管理体系内容。全书内容翔实，理念新颖，条理清晰，图文并茂，实战性强——一切都用于提高读者软件品质管理技能，而这种能力正是当今软件架构师必备的"工匠精神"所包含的品质水准行动指南。

本书是365IT学院规划的整个"软件架构师成长之路"培训教材的中级读本，亦是软件品质培训教程中的"管理篇"内容（其姊妹篇《Java代码与架构之完美优化》已出版），是培养具有高级软件品质管理技能的优秀架构师所必备的武器之一。优秀的软件品质管理技能是程序员通往架构师神圣殿堂的必经之路，本书将是这条路上的一盏明灯，帮助读者早日实现软件架构师之梦，如图1所示。

本书与PMP

很多程序员可能都学过PMP项目管理内容，甚至拥有这个资格证书。PMBOK对项目管

图 1　软件架构师成长之路

理的基本理论方法进行了深入的讨论，特别是品质管理内容。本书亦包含这部分内容，对 IT 领域特有的品质管理技能进行了深入、系统的分析与补充，操作性与实用性很强。

本书与翻转课堂模式

本书采用翻转课堂模式（The Flipped Classroom），在内容安排上，首先给出本章的关键问题，让读者进行思考，之后正文进行解释说明，最后根据内容深浅适当加入练习题，以巩固对核心内容的理解，进一步让读者来消化吸收重要知识与技巧。这样在写作技巧上进行了革新，可以让读者更好地吸收与理解本书精华。读者在阅读过程中，有任何疑问都可以和笔者联系沟通，笔者会给予及时的帮助与反馈。

本书配套教学视频与品质管理专家软件

本书配套视频培训教程与教材将同步出炉。配套视频可以在 365IT 学院官网免费下载，在笔者的抛砖引玉下，读者可以更好、更轻松地学好本书所阐述的技能。同时，本书所提供的一些标准设计书模板等电子文档资料也可以到官网下载并应用到读者的系统开发中。

另外，与本书配套的还有一款智能品质管理软件——品质管理专家（www. quality1. cn）。本软件不但可以用于本书内容的练习与实践，还可以应用于实际项目管理。阅读本书后，读者一定要亲自进行项目品质演练，进而在实际项目中应用起来，特别是如何根据系统中的数据进行项目的品质分析，这将会给读者带来非常有价值的高级实用技能。

以上资源均可通过关注机械工业出版社计算机分社官方微信"IT 有得聊"获得下载链接。

本书特色

1. 授人以鱼，授之以渔：本书的内容是按照品质管理培训师的标准进行编排的，不仅可以作为自我提高的书籍，亦可以作为讲师教材。

2. 案例驱动，脚踏实地：不单独讲理论，而是以案例驱动进行实战解析；不仅是经验与理论总结，更重要的是用最佳项目案例来说明技术应用。特别是各种文档成果物的模板，在实际项目中都可以拿来即用。

3. 图解技术，形象生动：避免了乏味难懂的文字描述，使复杂的事物一目了然，也是对理论进行深刻透彻理解的形象记忆。

4. 与时俱进，中西结合：本书汲取了日本品质管理中的大量精髓，并结合我国实情进行了优化。特别是在文档的写作能力上，本书安排了较大篇幅进行指导，就是针对国内IT从业人员不善制作文档的弱点而开出的药方。而且本书安排的图表很多，这样会给读者带来爽心悦目的阅读体验。因此，真切地期望读者朋友能够快速掌握这些技能，为大家成长尽一点微薄之力！

本书所面向的读者

目前，市场上关于软件品质管理的图书很少，在凤毛麟角的几本中，也几乎都是对CMM（能力成熟度模型）、品质算法（理论研究）或者是PMBOK品质管理工具的介绍，然而这些对我们广大程序员来说，都离得很远，在实际工作中也不常用。因此，本书摒除这些内容，只介绍与我们工作紧密相关的技巧与知识，如图2所示。

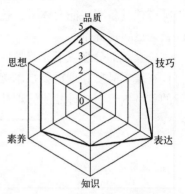

图2 能力提高点设置

虽然笔者是Java程序员出身，但是本书所讲述的技能不仅适用于Java技术领域，而且是IT领域中通用的品质管理技能，同时其品质管理思想亦可应用到其他产品领域。

本书比较接地气，所面向的读者主要是**志在提高软件品质管理技能与品质思维的程序员**，也适用于以下读者朋友：

（1）走在架构师之路上的工程师；

（2）软件项目经理；

（3）测试员；

（4）在校学生。

总之，无论是在校大学生还是走上工作岗位的新员工，无论是程序员还是测试员，无论是架构师还是项目经理，都有必要研读本书。

如何最佳阅读本书

品质管理内容整体划分为软件品质理论要点、开发中的品质管理、运营中的品质管理及品质预防四大部分，如图3所示。

第一部分是第1章，介绍了软件品质相关的理论基础与概念，在阅读其他章节之前需要**读透这一章**。

第二部分是本书的第2～10章，即本书的**核心章**

图3 软件品质管理整体划分

节，主要介绍软件开发中所必备品质管理技能体系。本书大量的篇幅都在论述软件开发过程的品质，因为这方面是我们的弱点，却又是精细化软件开发的重点。因此研读此部分内容时，要给予足够的重视。第2章介绍了品质管理要点，包含了品质管理整体大致流程，是第3~6章品质实践活动的概括与前提；第3、4章介绍了品质注入阶段中具体的定量与定性品质管理技能；第5、6章是品质验证阶段中具体的定量与定性品质管理技能的介绍；第7章重点介绍了软件开发过程中必备的文件种类与文档写作技巧；第8章主要介绍了架构品质管理方面应该考虑的要点；第9章介绍了各种品质管理要领；第10章介绍了品质开发与运营中重要的常用工具，包括工具的制作技巧、使用技巧等。

第三部分是本书的第11章，主要介绍软件运营时必备的品质管理技能。其内容在实际工作中非常实用，我们应该如何来做，这一章有具体详细介绍。

第四部分是第12章，是品质预防部分内容，主要介绍**架构师自我修炼的必备技巧**。架构师应该具备哪些能力体系，这些能力体系的有效修炼技巧与方法又有哪些，想知道答案的读者切莫错过此章。

以上4部分组成了完美品质管理体系的全部核心内容。另外，附录包含了各阶段品质项目检查表、品质管理**重要技术规范范文**、品质管理主要术语、章后习题答案等内容，亦是学习的重点内容。软件品质管理体系如图4所示。

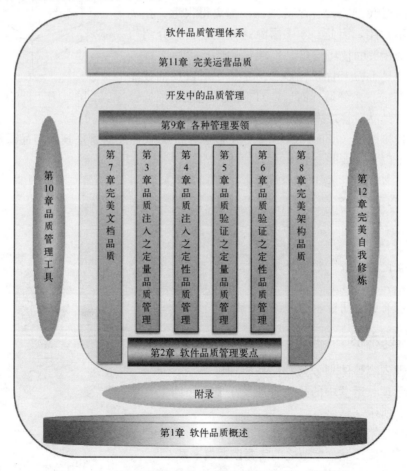

图4　软件品质管理体系

本书中出现了**新名词"品质注入"**，这个词也是日本品质管理界近年来出现的新词"品質作り込む"，现在这个词已经在日本 IT 界被广泛使用，相信不久的将来，这也将会是我们习以为常的惯用词。另外，读者可能还会遇到其他各种新名词，甚至**新的品质管理思想**。这里建议读者要尽快理解并应用这些新鲜事物，改变自己才可以提高自己（另一方面也要为自己祝贺——进入了当代品质管理的先行队列）。

本书对于部分段落要点（题眼）或者需要特别注意点，也特意用**醒目的**字体加粗，提示读者加强对技术重点的掌握。另外还有一个用意——可以利用图与表，再借助这些要点，迅速把握本书核心，以节约时间。

书中对一些正文外的重要知识点用温馨提示（NOTE）的形式来补充，内容安排亦分布在各个章节的最佳位置，以便读者学习。

要点提示示例如图 5 所示，温馨提示示例如图 6 所示。

图 5　要点提示示例

图 6　温馨提示示例

有些技术书把整个软件工程的各个过程定义为小的工程，如概要设计工程、详细设计工程，这样往往会引起对"工程"含义的误解。为避免这个现象，本书采用 PMP 标准用语——整个项目称为工程（Project），项目的各个中间过程称为 阶段（Process），如概要设计阶段、详细设计阶段。希望读者在以后的工作中也能够采用这个标准说法，以提高自己的专业水平。

学习软件品质管理技能，必须考虑软件的开发模型——瀑布式、螺旋式、增量式、敏捷开发等。本书以最近流行的敏捷开发流程为主，结合常用的瀑布式开发模型的优点，进行开发流程的介绍。

本书内容以中大型项目品质管理为基础，介绍进行管理工作时应该具备的技能与方法。对于小项目，管理思想、方法、手段亦是一样，只是没那么复杂，可以适当取其必要内容应用于项目管理中。因此，在实际开发中，要根据项目大小与条件进行内容的增减，一定要灵活运用，不求全，但求有最佳效果。

阅读本书时一定要**多问自己几个为什么**。对于书中的技巧，要问为什么这么做，还有更好的解决方案么；在实际工作中要如何应用；能够给我们带来怎样的好处；是否还可以进行扩展与创新。对于经典案例，有些是正面案例，有些是负面案例。对于这些案例，如果读者自己来处理，会如何解决呢？当对自己如此一番洗礼后，应该会对品质管理有"会当凌绝顶，一览众山小"的心境！

符号说明

软件品质管理中常用的简略符号如表1所示。

表1　简略符号

符　号	英文全称	中文含义
PG	Programmer	程序员
SE	System Engineer	系统工程师
PM	Project Manager	项目经理
PMP	Project Management Professional	项目管理专业资格认证
PMO	Project Management Office	项目管理办公室（项目管理中心）
RD	Requirement Design	需求定义（项目启动）
RA	Requirement Analysis	需求分析
ED	External Design	外部设计（概要设计）
ID	Internal Design	内部设计（详细设计）
CD	Coding	编码
AA	Application Architecture	应用架构
PA	Platform Architecture	平台架构
CR	Code Review	代码评审
UT	Unit Testing	单元测试
IT	Integration Testing	结合测试
ST	System Testing	系统测试
UAT	User Acceptance Testing	用户验收测试（模拟实际运行环境进行的测试）
NG	No Good	不合格
UI	User Interface	用户界面接口
KS	Kilo Step	一千行代码
WBS	Work Breakdown Structure	工作分解结构
TQM	Total Quality Management	全面品质管理
QCD	Quality Cost Delivery	品质、成本、交货期

致谢

首先，感谢同学郑夺在百忙之中抽出宝贵时间为本书作序。

其次，感谢同事周伟鹏朋友王伟伟、乳山二中闫晓峰老师与兰霞老师细致耐心的审核，以及尹勋成对本书提出的宝贵建议。

最后，感谢爱人兰宁的大力支持。为了本书早日和读者见面，几年来笔者几乎使用了所有的休息时间。特别是 2016 年以来，曾有一段时间排除了所有的外界干扰，闭关写书，目的是希望能够早日完成一本值得读者朋友信赖的教程。

读者在阅读过程中如果发现任何疑问，可以与作者通过邮箱（yantingji@126.com）联系。

颜廷吉

2017 年 4 月 1 日于东京

目　　录

第1章 软件品质概述

在阅读本章内容之前，首先思考以下问题：

1. 什么是软件品质？
2. 如何把握软件品质立场？
3. 系统开发的品质构成有哪些？
4. 品质管理的基本思维是什么？
5. 什么是品质注入？

1.1 软件品质

1.1.1 软件品质定义

根据权威机构国际标准化组织（ISO）的定义，品质（Quality）即质量，是反映实体满足明确或隐含需要能力的特征。

另外，现代"品质之父"戴明博士，在1982年对品质做了如下解释：品质就是以最经济的手段制造出市场上最有用的产品。这也是对品质比较通俗易懂的解释。

由此可知，**软件品质就是满足客户软件需求的能力，其包含文档品质与代码品质**，如图1-1所示。文档品质是本书重点内容之一，而代码品质在本书姊妹篇《Java代码与架构之完美优化——实战经典》一书中有介绍，感兴趣的读者可以参阅。

图1-1 软件品质内容

日本人经常把产品的开发当作"新生命"的孕育。因此，在软件开发过程中也应把软件产品看作一个生命体——**开发期就是新生命孕育期**；产品开发成功并运营后，就是这个生命体的服务期。所以要如同孕育孩子一样谨小慎微地来开发——用这种思维来提高软件品质意识。

1.1.2 软件品质特性

20世纪80年代的后半期，ISO站在客户的视角对软件的品质特性进行了标准化，这就是软件领域著名的ISO/IEC9126（软件品质特性）。这个标准特性的总结一直沿用至今，其包含六大特性、27个子特性，如图1-2所示。

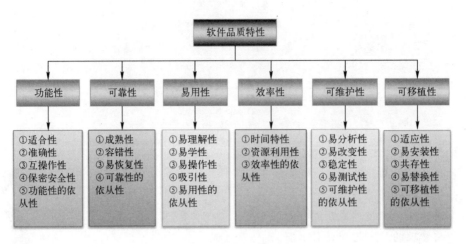

图 1-2　软件品质特性

（1）功能性

功能性（Functionality）指的是产品符合客户需求的功能特性，主要包含以下 5 个子特性。

① 适合性

适合性（Suitability）指软件产品为指定的任务和客户目标提供一组合适功能的能力，即软件提供了客户所需要的功能。

② 准确性

准确性（Accuracy）指软件提供给客户功能的精确度是否符合目标（例如：运算结果的准确性）。

③ 互操作性

互操作性（Interoperability）指软件与其他系统进行交互的能力（例如：PC 中的某个软件 Word 和打印机完成打印互通）。

④ 保密安全性

保密安全性（Security）指软件保护信息和数据的安全能力（例如：IP 与登录次数限制，防 Dos 攻击，访问记录保持等）。

⑤ 功能性的依从性

功能性的依从性（Functionality Compliance）指遵循相关标准（国际标准、国内标准、行业标准、企业内部规范）的能力。

（2）可靠性

可靠性（Reliability）指的是产品在规定的条件下完成规定功能的能力，主要包含以下 4 个子特性。

① 成熟性

成熟性（Maturity）指平均故障（Failure）间隔，平均无故障寿命。

② 容错性

容错性（Fault Tolerance）指误输入、误操作的检出力，误操作造成的系统宕机次数。

③ 易恢复性

易恢复性（Recoverability）指系统失效后，重新恢复原有的功能和性能的能力（例如：

平均修复时间等）。

④ 可靠性的依从性

可靠性的依从性（Reliability Compliance）指遵循相关标准（国际标准、国内标准、行业标准、企业内部规范）的能力。

（3）易用性

易用性（Usability）指的是在指定使用条件下产品被理解、学习、使用和吸引客户的能力，主要包含以下 5 个子特性。

① 易理解性

易理解性（Understandability）指软件与客户交互信息时要清晰、准确、易懂，使客户能够快速理解软件。

② 易学性

易学性（Learnability）指客户学习其所提供的功能的便利性。

③ 易操作性

易操作性（Operability）指客户操作和控制软件产品的能力。

④ 吸引性

吸引性（Attractiveness）指能吸引客户的功能数。

⑤ 易用性的依从性

易用性的依从性（Usability Compliance）指遵循相关标准（国际标准、国内标准、行业标准、企业内部规范）的能力。

（4）效率性

效率性（Efficiency）指的是在规定条件下，相对于所用资源的数量，软件产品可提供适当性能的能力，主要包含以下 3 个子特性。

① 时间特性

时间特性（Time Behavior）指软件处理特定的业务请求所需要的响应时间。

② 资源利用性

资源利用性（Resource Utilization）指软件处理特定的业务请求所消耗的系统资源（例如：CPU 占用率、内存使用量等）。

③ 效率性的依从性

效率性的依从性（Efficiency Compliance）指遵循相关标准（国际标准、国内标准、行业标准、企业内部规范）的能力。

（5）可维护性

可维护性（Maintainability）指的是在规定的条件下、规定的时间内，使用规定的工具或方法修复规定功能的能力——即"四规"，主要包含以下 5 个子特性。

① 易分析性

易分析性（Analyzability）指软件提供辅助手段帮助开发人员定位缺陷产生的原因，判断出修改的地方的能力。

② 易改变性

易改变性（Changeability）指软件产品使得指定的修改容易实现的能力（例如：降低修复问题的成本）。

③ 稳定性

稳定性（Stability）指软件产品避免由于软件修改而造成意外结果的能力。

④ 易测试性

易测试性（Testability）指降低发现缺陷的成本。

⑤ 可维护性的依从性

可维护性的依从性（Maintainability Compliance）指遵循相关标准（国际标准、国内标准、行业标准、企业内部规范）的能力。

（6）可移植性

可移植性（Portability）指的是从一种环境转移到另一种环境的能力，主要包含以下 5 个子特性。

① 适应性

适应性（Adaptability）指软件产品无须做相应变动就能适应不同环境的能力。

② 易安装性

易安装性（Installability）指尽可能少地提供选择，方便客户直接安装。

③ 共存性

共存性（Co - Existence）指软件产品在公共环境中与其他软件分享公共资源共存的能力。

④ 易替换性

易替换性（Replaceability）指软件产品在同样的环境下替代另一种相同用途的软件产品的能力。

⑤ 可移植性的依从性

可移植性的依从性（Portability Compliance）指遵循相关标准（国际标准、国内标准、行业标准、企业内部规范）的能力。

1.1.3 软件品质的两个一致性

人们知道，软件的品质包含文档品质与代码品质。因此要做好软件品质，必须实现**两个一致性**：

① 设计书与客户的需求一致。

② 代码与设计书一致。

图 1-3 详细介绍了两个一致性的相互关系。

第一个一致性说明的是设计的品质，第二个一致性说明的是代码的品质。长久以来，人们只重视代码品质，而忽略了设计的品质。正如图 1-3 所示的，只有两者的品质都非常优秀，才是客户满意的前提条件。

为保证这两个一致性，软件的式样被分为外部式样与内部式样：**外部式样**是以**客户的角度**来进行分析的，是客户需求的式样形式的实现——其内容要与客户需求一致；**内部式样**是以**开发者的角度**对式样实现方法的说明，是外部式样的实现——其内容要与外部设计一致。

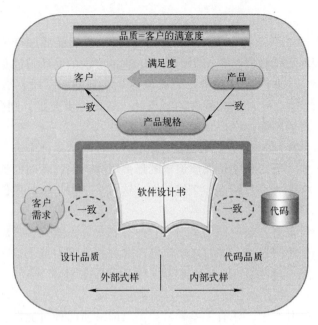

图 1-3　软件品质的两个一致性

1.1.4　满意品质与魅力品质

根据客户的感受和品质特性的实现程度，将品质特性划分为 3 个层次，也就是 3 个境界——**必然品质、满意品质、魅力品质**，相应地对品质的要求也依次提高，如图 1-4 所示。

（1）必然品质

必然品质又称"当然品质"或"基本品质"，指符合产品（或服务）基本规格的品质——即客户认为是理所当然应当具备的品质特性。例如，火车卧铺车厢应当保证开水供应和提供清洁的卧具。这类品质特性的特点是：即使提供充分也不会使客户感到特别兴奋和满意，而一旦不足却会引起强烈不满。

（2）满意品质

满意品质又称"一维品质"。这一层次的品质特性是客户要求并希望提供的品质特性。例如：商场售货员的服务态度、餐馆菜肴的味道等。这类品质特性的特点是：提供充足时客户就满意，越充足越满意，越不充足越不满意。满意品质模型如图 1-5 所示。

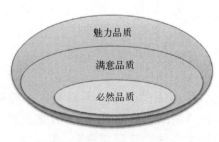

图 1-4　品质层次

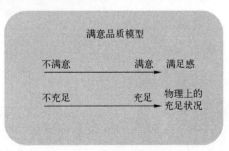

图 1-5　满意品质模型

（3）魅力品质

魅力品质，也称"二维品质"或"客户愉悦品质"。魅力品质理论是由日本著名的品质管理大师——东京理科大学教授狩野纪昭提出的。这一层次的品质特性是通过满足客户潜在需求，**超越客户期望**，使新产品或服务达到客户意想不到的新品质，给客户带来惊喜和愉悦，甚至**使客户钟情着迷**。这类品质特性的特点是：如果提供充足，则会使人产生兴奋感，若不充足也不会使人产生不满。

显然，在其他条件相同的情况下，具有充分魅力特性的产品或服务无疑会更容易吸引客户，从而形成竞争优势。**魅力特性是品质追求的最高境界**，但随着时间流逝，由于竞争的结果，魅力特性会逐渐演变为满意特性和必然特性。这时必须再进行品质创造，才能再度达到魅力特性。

从魅力品质的角度来看，企业做到了第一、第二层次都不能使客户忠诚，只有做到了魅力品质的层次，才能使客户忠诚。客户之所以对产品和服务产生偏爱，本质上是因为企业的产品和服务令客户惊喜与愉悦。客户对高品质产品和服务钟情着迷，从而产生持续购买行为。

另外，在实际产品开发中，还有无差异品质与反向品质两种可能性。无差异品质，指的是该品质要素无论具备与否，都不会引起客户的满意与否。反向品质，指的是如果具备了此项品质要素，就会引起客户的不满，不具备却会让客户满意。在软件产品开发中，都应该避免这两种品质情况。图1-6所示为魅力品质模型。

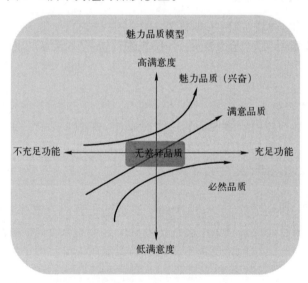

图1-6　魅力品质模型

1.1.5　品质管理发展史

随着时代的发展，人们对品质管理的认识与重视程度也由浅入深：从前期的"检验"，到"预防"；到后期的"全面品质管理"，再到当今的"**精细化品质管理**"。管理方式上也由"堵"到"疏通"，再到"全员品质管理"，最后到如今的"**工匠精神**"，相应地对品质的要求也越来越高。图1－7所示为品质管理发展史。

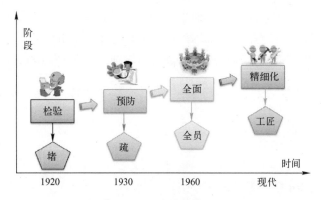

图 1-7　品质管理发展史

品质检验的思想源远流长，但是作为一种科学的管理方式，则形成于 20 世纪 20 年代。20 世纪初，科学管理的创始人美国工程师泰勒提出了"科学管理理论"，创立了"泰勒制度"。检验指的是在产品完成时来检测产品是否合格，以合格率来评价品质。把不合格的产品堵在工厂里，这种品质管理思想在工业革命时期产生了积极作用，起到了良好的品质管理效果。

预防阶段，形成于 20 世纪的 30 年代。1924 年，美国贝尔电话实验室的休哈特应用数理统计提出了统计过程控制理论（Statistical Process Control，SPC），其目的是预防生产过程中不合格品的产生，从理论上实现了品质管理从事后把关向事前预防的转变。第二次世界大战期间，美国为保证军火生产的品质，美国国防部组织有关专家进行了统计品质控制的专门研究，制定了"战时品质管理标准"，强制要求生产军需品的各军工企业推行统计品质控制，保证并改善了军工产品的品质，效果显著。战后又把它推广到民用工业中，给企业带来了巨额利润。于是全世界纷纷效仿，20 世纪 50 年代达到高峰。

全面品质管理的理论于 20 世纪 60 年代提出。此时在管理理论中出现了"行为科学理论"，重视人的因素，强调人在管理中的作用。同时，在生产和企业中广泛应用系统分析的概念，把品质问题作为一个系统工程加以综合分析研究。最早提出全面品质管理概念的是美国的菲根堡姆。1961 年，他的著作《全面质量管理》一书出版，该书强调品质职能应由全体人员承担，品质管理应贯穿于产品产生与形成的全过程。

全面品质管理（TQM）对品质的要求已经很高，主要核心思想有以下几点：

① 品质是由客户决定的。
② 品质是注入进来的（干出来的），不是检验出来的。
③ 品质管理是全体员工的责任。
④ 品质管理的关键是要不断地改进和提高。

精细化品质管理是当今社会发展需求的时代产物，特别是 2016 年国家号召的"工匠精神"，更是把精细化品质管理提高到了更高的国家级战略。其核心思想，除了要有全面品质管理思想外，更要**以魅力品质为要求，以粉丝效应为目的**，同时还**必须具备工匠精神——对自己的产品精雕细琢，精益求精**。精是最佳、最优，是追求最好；精是精致、精湛，是追求品质最高；精是把产品做成精品，把工作做到极致，把服务做到最好，挑战极限。精细化的程度不能靠个人的感觉，而要以数据为依据。因此，精细化品质管理就是根据品质数据甚至大数据对其进行客观的定量与定性分析、评价的**数字化管理模式**。

我国经过几十年的高速发展，人民的生活水平越来越高，对产品与服务的要求也就越来越高。虽然我国产品丰富，可是很多都不能满足高端需求，因此才有了大量海淘现象。正是如此，利用精细化品质管理技术与思想，提高各行各业的产品与服务品质，才是如今管理者的当务之急。

1.2 品质的重要性

1.2.1 软件开发中的 QCD

品质管理中的 QCD 是什么意思呢？学过 PMP 或者参加过品质管理培训的读者也许明白，但是为什么会以 Q 开头？

品质·成本·时间（Quality Cost Delivery，QCD）号称**项目管理的金三角**，三者的关系如图 1-8 所示。品质在人们身边随处可见，关系到最终客户的消费权益，关系到企业的生存与发展。大多数企业都把品质列入战略计划，而且是企业持续生存的唯一因素——品质就是企业的生命线，这已成为共识。品质竞争日益激烈，特别是现代精细化经济时代，品质管理在企业管理中就显得越发重要。因此品质一旦出问题，项目就会成为**问题项目**，百年企业也许就因为品质问题而倒闭，所以一定要防微杜渐，对品质给予高度重视。

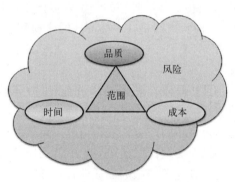

图 1-8 时间·成本·品质关系

> **NOTE:**
>
> **问 题 项 目**
>
> 问题项目，也就是说这个项目有很大风险，失败的可能性比较大，处理起来会有很大麻烦，因此需要特别管理与跟踪。

1.2.2 品质把握立场

品质把握的立场有两种：一种是根据长期客户满意度调查结果，以客户立场来评价品质（Customer Satisfaction，CS），即客户满意、客户至上；另外一种是以生产者（Self Centered，SC）的角度，也即根据自己的技术能力、思考问题的出发点等来评价品质。

以客户的立场来把握品质，要求会比较高，要时时以客户的视角来审视产品，而且要与客户做好定期品质汇报、沟通，真正把握好客户爱好与品质需求。图 1-9 给人们解释了把握客户软件品质的流程图。从图中知道，即使是一样的产品，因为客户的喜好、所处的环境与立场不同，客户的满意度也会不同。

以生产者的角度来开发产品，往往依据自己的喜好和视角来开发，而忽视了客户的要求。虽然费了一番苦心，但开发出来的产品却往往很难让客户接受——不但出力不讨好，还

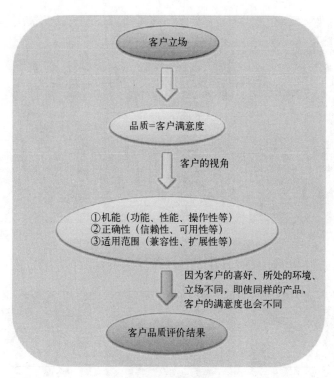

图 1-9   品质把握流程图

可能丢掉客户。

　　图 1-10 展示了以客户为中心与以自己为中心的品质把握优劣对比关系。如果**以客户立场为中心把握品质**，就可以和客户一起成长；但是如果以自己为中心，却永远不知道客户的真正需求，因此就无法成长，那么也就不可能把握市场，从而生产出令客户满意的产品了。

图 1-10   两种品质视角对比

经典案例一：软件开发中的"悲剧"

　　本案例是很有代表性的在软件开发与运营过程中对客户品质立场把握不清、品质服务不好的讽刺漫画，如图 1-11 所示。

客户对需求的描述

项目经理的理解

分析师的设计

图 1-11　软件开发过程中的"悲剧"（1/5）

程序员写出来的

测试人员收到的

商业顾问描述的

图 1-11　软件开发过程中的"悲剧"（2/5）

项目文档的记录

实际付诸行动的

客户如何买账的

图 1-11　软件开发过程中的"悲剧"（3/5）

后续技术支持　　　　广告是如何做的　　　　交到客户手中的

图 1-11　软件开发过程中的"悲剧"（4/5）

客户真正想要的　　　　恶意攻击效果　　　　灾难恢复计划

图 1-11　软件开发过程中的"悲剧"（5/5）

案例解析：

看过这几幅漫画有什么感想？是不是深有体会？自己开发的项目是不是也曾经有漫画里描述的某个场景呢？漫画包含了软件项目从需求分析到运行及维护最具有代表性的场景。而且每个场景在现实软件开发中也是普遍存在的现象。细细品味，好笑又值得深思与反省！然而，如何才可以避免这些现象呢？最关键的还是要把握好品质，特别是客户需求的品质分析立场——一旦立场错了，那么后续的一切就是"南辕北辙"。因此，开发中一定要以客户立场来把握需求的品质。

1.2.3　品质管理解密之一：标准化原则

品质不稳定意味着企业将付出不堪重负的品质成本。追求品质稳定的一个关键就是**简明化的作业标准**。在软件开发中，标准作业的依据就是标准范例与各阶段软件开发所必备的标准文档体系。

标准化是指为了在一定的范围内获得最佳秩序，对实际的或潜在的问题制定共通和重复使用的规则的工作。标准化的业务可以由"输入""过程""资源"与"输出"4部分来定义，如图1-12所示。

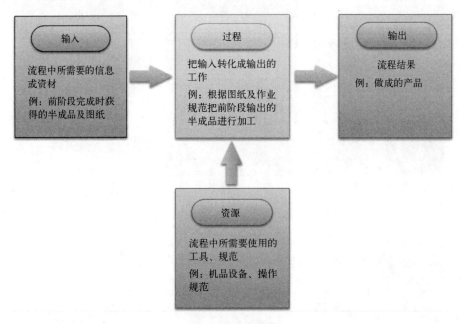

图1-12　标准化工作流程图

系统如果小到只有两三个人来开发，标准化可能无法显示巨大的威力，但是如果成千上万的人来一起开发一个软件项目，如果没有一定的标准，那么如何推进项目呢？此时，标准化就显示出其必要性与巨大价值。

那么，标准化可以带来哪些好处呢？如图1-13所示，可以带来降低成本、减少变化、提高便利性与统一性、技术积累、责任明确五大好处。

在标准作业流程与规范下，不但可以减少沟通障碍，提高开发效率与品质，还可以避免因项目成员的调动而大大影响项目进度的情况出现。更重要的是，可以保证生产有条不紊地进行，降低项目风险，为公司带来潜在的收益。

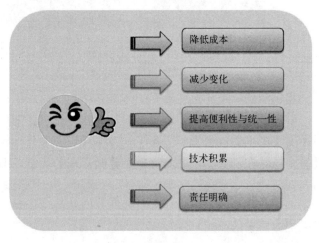

图1-13　标准化带来的好处

标准化是一个制定、执行和不断完善标准的过程，是不断提高品质、提高管理水平、提高经济效益的过程，也是一个可以使企业持续发展的过程。企业进行标准化管理是逐步改变传统管理模式的起步点，是管理上的重大转变，是实现管理现代化的必经之路。

从实践中总结的**标准化原则在实施时的重要技巧**有以下4点。

（1）KISS 法则

KISS（Keep It Simple and Stupid）即防呆法则，要求标准作业尽量简明，用平实简洁的语言来描述，要让小学三年级的人都能看懂，实施方法与范例的细节要到位。

（2）最优法则

标准作业与标准模板等一定要由经验丰富的行业工程师来做，而且要以最优作业方式进行。

（3）全员参与

应该积极听取员工对标准作业的反馈，并将有价值的反馈更新到标准作业中去。

（4）避免误区

在标准化的过程中要以获得实际利益为中心，要避免责任不明确、实施与操作烦琐复杂、光说不做、不进行跟踪等形式主义。

经典案例二：日本"软件之王"的发展神话

日本"软件之王"——NTTDATA 自 1988 年成立以来，一直把品质作为公司发展之本，提出了制造满足一切消费者需求的产品，不能为了追求利润而偷工减料使产品品质下降，生产与 NTTDATA 品牌名副其实的软件产品等理念。同时也采取了一系列措施，包括制定了STEAD、CSS 及 TERASOLUNA 等开发标准与管理标准。另外，为促进集团公司品质标准化实施，还成立了品质标准研究部与培训部。正是这种视品质为生命的不懈努力，使得其从成立到现在仅仅 20 多年的时间就成为跨国性的世界 500 强企业，而且被评为最具发展潜力的100 强企业，在软件行业世界排名第五。其开发的软件产品也名副其实——深受政府与企业等欢迎。

案例解析：

NTTDATA 之所以能够取得今天的辉煌与它当初的品质理念是离不开的。也正是由于它非同一般的严格品质与标准化要求，才大大提高了其企业竞争力，进而得以迅速进行了全球化扩展与成长。

1.2.4 项目失败原因分析

宝田腾通博士对日本过去开发失败的项目实例进行统计分析后，得出的失败的种类主要有 4 种，如表 1-1 所示。

表 1-1　项目失败种类

编　号	分　类	规模估算失误	开发技术不良	管理不良
1	交付延期	▲	△	△
2	性能问题	-	▲	△
3	品质问题	△	▲	▲
4	超出开发费用	▲	△	△

※ ▲案例件数比△案例件数比重更多

由上表数据分析可知，**因品质不良导致的项目失败的比例是最大的**。对失败的项目进行原因分析，得出的原因有很多，如表 1-2 所示。

表1-2 项目失败原因

编 号	分 类	计 划 不 良	开发技术不良	管 理 不 良
1	开发体制不良	○	-	○
2	估算失误	○	-	○
3	式样变更多、式样决定延迟	○	○	○
4	式样不明确、复杂	-	○	-
5	性能讨论不足	-	○	-
6	异常讨论不足	-	○	-
7	代码架构拙劣	-	○	-
8	偷工减料	-	-	○

在失败的原因中,"式样变更多、式样决定延迟""式样不明确、复杂""性能讨论不足""异常讨论不足""代码架构拙劣"等归根到底还是品质管理问题。由此可见,在软件开发中,切实把握好品质是保证软件开发成功的关键。

1.3 系统开发中的品质

1.3.1 系统开发的各种品质

系统开发中的品质相关内容很多,一般包含产品品质、开发过程品质及产品环境品质。其中,产品品质又包含硬件品质与软件品质,软件品质又包含文档品质与代码品质;开发过程品质,主要指开发人员、开发工具、开发环境、开发流程等方面的品质;产品环境品质,又包含建筑物、地面荷载、电设备、抗震设备等环境方面的品质。系统中的各种品质如图1-14所示。

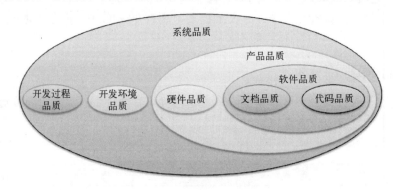

图1-14 系统中的各种品质

产品品质的评估,需要软件与硬件结合在一起进行,在进行开发费用评估或者提案书书写时都需要进行说明。如果一旦硬件进行了更换,那么就需要重新评估软件开发费用。

1.3.2 模块化开发流程品质

软件开发的目的就是要开发与客户要求一致的软件产品。如果能够正确把握软件开发流程本质,那么就可以踏实地掌握品质与开发流程的关系,从而实现既定目标。

为了更好地理解软件开发流程的本质，图 1-15 对软件流程进行了图解拆分。本图中把软件开发的流程"做什么（what）—怎么做（how）"这种一维"抽象—具体"的关系，展示成二维平面化的模块化开发模式。

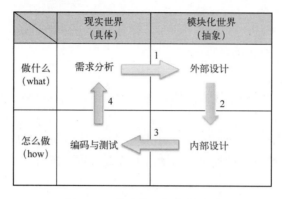

图 1-15 模块化开发流程品质

1—客户需求 2—外部式样 3—内部式样 4—代码

由图 1-15 得知，软件开发流程分为做什么（what）的需求分析与怎么做（how）的模块化实现过程：需求分析定义做什么，然后把这种做什么反映成外部式样（概要设计），再把概要设计转换成内部设计（详细设计），即实现方法，之后根据实现方法来开发程序，这样的一个开发流程。

需求分析书是需求方提出需求，开发方提出解决方案，双方达成一致而记录下来的规则。任何一个软件系统需求的获得，都是由客户和系统分析师等人经过反复商讨和研究之后而得出的。

外部设计（External Design）又称"概要设计"，是软件开发过程中的一个阶段，是以客户视角对软件进行的概括性设计。其主要工作分 3 部分：第一部分是程序的总体架构；第二部分是分析与设计出客户需要的功能，进行模块划分，操作页面内容，处理概要、报表形式；第三部分是数据物理设计等内容。

内部设计（Internal Design）又称"详细设计"，是软件开发过程中的一个阶段，是以开发者的视角对软件进行的具体实现方法的设计。其主要工作是描述外部设计的每一个模块是怎样实现的，包括实现算法、逻辑流程，最终能形成独立编码、编译和测试的软件单元。

表 1-3 对外部设计与内部设计之间的对比关系进行了总结。另外，采用外部设计与内部设计划分的好处主要有以下两点。

① 单从字面意思就可以知道其作业内容及所要面向的主要读者对象。

② 与国际接轨，日本、美国等国家就使用此种划分方法来进行项目开发。

表 1-3 外部设计与内部设计对比

分　类	主要工作内容	主要读者对象
外部设计	系统模块的划分与构成，界面设计与系统动作等外部的特征与功能	主要读者对象就是客户，给客户最直接的系统视觉与系统概要，这就是与其进行有效沟通的最主要的工具
内部设计	系统各个模块的内部处理逻辑等	主要读者对象就是程序员，让程序员明白如何进行有效编程

模块化开发流程品质具体包含以下 6 种。

（1）需求品质

客户需求功能在物理方面的实现程度好坏。

（2）设计品质

将客户需求转化成产品运算法则、处理流程等。为实现客户功能需求，需要从设计阶段注入品质，通过评审来提高品质。

（3）编码品质

将设计转化成代码的过程中注入品质，通过评审与调试来提高品质。

（4）测试品质

根据开发的 V 流程模型（参照 2.1.1 小节），在产品提供给客户之前，以产品是否充分满足客户使用的观点对产品进行检查与预测。并在此过程中进行品质验证，通过测试来提高品质。

（5）架构品质

包括软件架构品质（参照第 8 章）与平台架构品质（本书未介绍）。

（6）数据移植品质

如果存在旧系统，则需要把旧系统数据移植到新环境里，此时的品质指的是数据移植的正确与否。一般通过数据移植流程的评审，以及移植后新系统中旧数据的运行测试来验证移交数据的品质（本书未介绍）。

1.3.3　软件品质单位

人们知道成本的单位有"元"，时间的单位有"天"，然而品质的单位却无法用"%"或者"数字"来表示，因此一般只有"高低""好坏"这种抽象性的描述语言来表示。而在 IT 业，却有**错误**（式样中的不对）与**故障**（代码中的不对，即 Bug，也是一种错误，只是在软件领域中有其特殊叫法）这种替换说法。

在实际项目中，如果错误与故障都是收缩的，就可以说品质没问题了吗？这个问题的结果只是回答了品质层次的"必然品质"，而最终品质好坏还是要客户来评价——这种评价的标准就是魅力品质所阐释的内容。

1.3.4　软件素材

在产品生产过程中，都应该重视产品的品质素材。产品因种类不一样，产品素材就不一样。如做衣服的布的素材是"线"，而随时代的变化，"线"的质地也是五花八门，因此做成的衣服品质也参差不齐。最近出土的汉代素纱蝉衣的线的品质（强度、耐腐度等），就达到了手工丝织品的世界巅峰——即使现代工艺也无法再制。那么，软件产品的素材是什么呢？

软件最终的表现形式是可运行的程序，而程序是由模块组成的，因此**软件素材**就是"**模块**"，如图 1-16 所示。例如：联机开发中，以页面为模块单位。提高软件素材的品质，就是要提高模块的品质，所以品质验证阶段的单元测试就显得非常重要。而实际开发中，却往往忽视单元测试的重要性，经常偷工减料，这样就造成软件素材品质的不良。

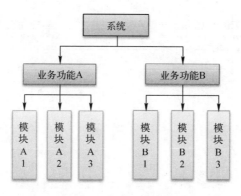

图1-16　软件素材

　　另外，在软件开发的整个流程中，模块贯穿其中：设计阶段规模的估算以模块为单位；设计及式样的评审单位也是模块；开发阶段程序员代码分配与评审的最小单位也是模块；在测试阶段，测试的最小单位还是模块。以模块为软件素材进行分析、评价、管理是软件开发的一大特征。

 提高模块化意识

　　以模块为软件素材进行分析、评价、管理是软件开发的一大特征，每个程序员都需要提高模块化管理意识。

1.4　品质注入与品质验证

1.4.1　品质管理的 V 模型

　　品质注入，就是为确保品质，在设计与编码过程中把品质管理的技巧与手法等应用进去的过程。从品质管理流程上来说，品质注入包含需求分析、外部设计、内部设计、编码阶段。

　　品质验证，就是对注入品质的软件产品进行品质检验的过程。从品质管理流程上来说，品质验证包含单元测试、结合测试、系统测试。

　　图1-17简要阐述了品质注入与品质验证的流程，品质注入在设计阶段是从上而下的，而品质验证是反过来由下而上的过程，这也是软件开发 V 模型在品质管理中的应用。

　　在图1-18中，用品质管理 V 模型展示了软件开发中品质注入与品质验证的关系。在外部设计阶段，对设计书进行评审——注入品质，对发现的式样问题进行记录以备定量分析；在相应的系统测试阶段——验证品质，根据概要设计书进行测试，对测试用例同样也需要评审，对测试出的故障进行记录以备定量分析；此时根据定量分析的结果，来判断式样品质及代码品质。其他内部设计与编码过程也一样。

　　在图1-19里，阐释了品质注入及品质验证与品质要求的模型关系。由图可知道，品质

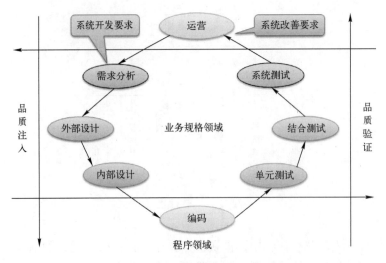

图 1-17　品质注入与品质验证流程图

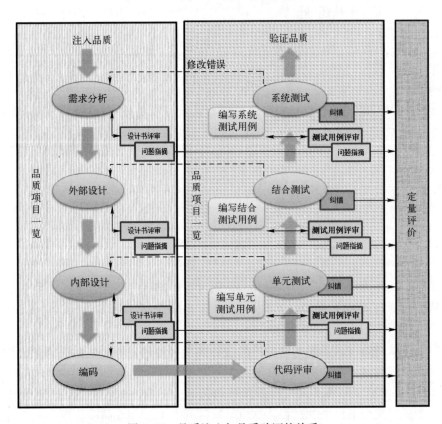

图 1-18　品质注入与品质验证的关系

注入阶段的品质要求是魅力品质，也就是设计出令客户愉悦的系统。因此设计阶段对工程师要求也高，当然薪水也不菲了。而品质验证阶段属于排除故障时期，品质要求的层次是必然品质，相应的对测试员的要求相对于开发者就会低一些。

图 1-19　品质注入与品质验证的品质要求

1.4.2　品质管理解密之二：早鸟原则

早鸟原则，指的是品质问题，发现越早，损失越小。如何做到呢？品质注入就是最好的手段。

（1）从错误与故障发生率的角度来分析早鸟原则的重要性

从图 1-20 可以得出：在上游设计阶段进行彻底品质注入——把应该发现的错误都指出来后，保证了设计的品质，因此在后续阶段故障就会大幅减少。相反后期故障会很多。

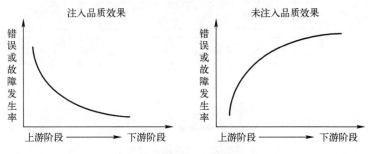

图 1-20　品质注入与否效果对比

（2）从工数角度来分析早鸟原则的重要性

从图 1-21 所示的实际工程实践数据中可以看到：在上游阶段进行彻底的品质评审后，不良设计就会明显减少，当然下游阶段的故障就会减少，工数就相应地减少，生产力就会提高，相应的利润就会加大。相反，如果上游阶段出现偷工减料，就会给下游阶段带来很多故障，工数必然增加，从而导致生产力下降，这种情况是我们最不想看到的。通过以上两点分析可知，一定要重视及实施早鸟原则。

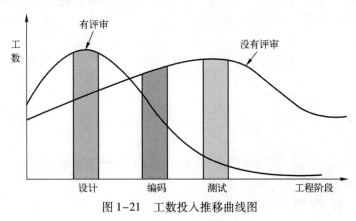

图 1-21　工数投入推移曲线图

从实践中总结的**早鸟原则实施时的重要技巧**有以下两点。

① 从源头控制，降低设计缺陷是提高品质的关键。

② 暴露问题是为了解决问题，问题解决不彻底还是问题，推卸问题会造成更大的问题，发现不了问题本身就是问题。

1.4.3 品质注入的思考方法

品质注入时的要点是什么呢？这里先讨论一下错误的积累过程（这里的错误是设计错误与代码故障的统称），如图1-22所示。

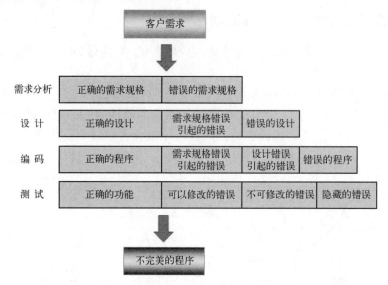

图1-22 错误积累过程

一般来说，无论通过什么手段来提高品质，在各个阶段都会融入错误。只要是人就有犯错误的可能，所以我们只要尽可能避免出现错误即可。

在下一阶段的工作中，一般会发现一些上一阶段的错误，但是仍会有遗漏。同时，本阶段工作中还会融入新的错误，这样继续向下一阶段反复循环，最终就可能会残存更多的错误。

如果要最大限度地减少错误，那么不混入错误的设计手段、编码技巧及测试方法的确立就非常重要。所以，作为程序员，品质管理的基本技能是必须掌握的。

从实践中总结的**品质注入的基本思考方法**如下。

（1）基本立场

对各工程阶段发现的错误或者故障，在本阶段解决，不带到下一阶段（早发现、早解决；防止疏漏）。

（2）设计开始时

设计开始时要根据客户的要求及条件，来决定设计的品质要素，并设定品质项目检查表。

（3）设计工作中

在设计中决定实现方法，对客户要求不遗漏（防止设计规格的遗漏）。

（4）设计完成时

设计完成时，要贯彻实施评审，尤其要重视专家与客户评审。这样经过评审后，就可以冻结式样进行下一阶段工作。

经典案例三：没有后悔药的三星爆炸门事件

2016 年对韩国三星公司来说，可是不平凡的一年。其产品 Galaxy Note 7 手机发布一个多月，就在全球范围内发生三十多起因电池缺陷造成的爆炸和起火事故，由此而引起了航空禁运、召回、移动业务总裁的鞠躬道歉等事件，给三星造成的影响远不止是百亿级美元的经济损失，更为三星公司带来了不可估量的品牌价值损失。究其原因，是生产过程中一个罕见的错误导致电池正负极相触，而造成电池短路引起爆炸。经分析研究，这个错误在开发中很难发现，只有在测试时才可以被发掘！

案例解析：

三星爆炸门事件反映出品质验证在开发中的重要作用，就这样一个小小的普通电池的品质问题终究酿成大错。如果有后悔药，那么三星宁愿花费成倍的价格来弥补这个电池品质缺陷所带来的影响，可是"品质"没有后悔药！

1.5 品质管理与品质保证

1.5.1 品质管理的基本思维

软件开发也是产品的开发，因此和"物"制造的品质流程基本相似。在软件开发流程中，从需求分析到系统测试阶段，都要时刻拥有提高品质的思维意识——把品质管理技巧等运用到软件开发中。其品质管理的思维方式如图 1-23 所示。

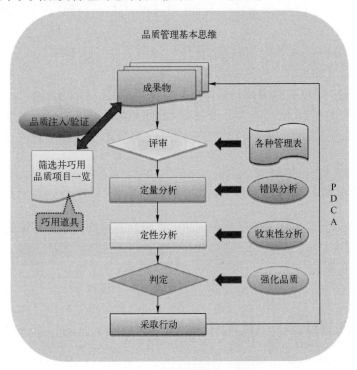

图 1-23　品质管理的基本思维

在设计阶段，根据需求对个别功能进行详细设计时，需用由上到下的设计方式。同时，为防止设计遗漏与错误等，要做出一连串的品质注入工作。在利用品质注入手法时，要根据项目大小筛选品项目检查表等品质工具，通过设计书的评审体系把设计错误彻底清除。之后，根据检出的错误信息等，对设计各阶段进行定量与定性分析。最后，再根据分析结果的反馈情况，进行必要的改善行动以提高设计品质，这就是设计阶段的品质管理基本思维。同样，编码与测试各阶段亦是如此，只是各阶段所使用的工具与管理的对象不一样而已。

从实践中总结的**品质管理基本思维要点**有以下两点。

① 不将错误或者故障留给下一个工程阶段（杜绝疏漏）。

② 前后阶段之间要做好交接（需要提供的全面信息）——包括设计书、错误管理表、故障管理表等文档。

1.5.2　品质保证概念

品质保证就是按照一定的标准生产产品的承诺。品质保证的基本思想方法有两点。

（1）提高客户的满意度

品质保证的目的是提高客户的满意度。为此需要进行一系列体系性的工作，主要包括：

① 确立工作流程；

② 检查日常工作是否按照流程进行，如果违反则需要指出；

③ 检查日常工作成果是否达标，如果未达标，则需要采取措施。

（2）进行定量的品质评价与记录

进行定量的品质评价与记录指对产品与生产过程的品质进行评价并记录的体系性工作，主要包括：

① 正确把握客户的品质要求（规格）；

② 决定品质管理的水准，收集品质数据；

③ 定量分析品质数据，指出改善事项。

定量数据的评价与记录非常重要，否则就无法发现项目潜在问题。另外，客户追问品质管理数据时，如果无法提供，那么自己也将非常麻烦。品质的定量分析内容可以参照第3章与第5章。

1.5.3　品质管理和品质保证的关系及不同

品质管理是在开发过程中为满足客户需求的品质而进行的一系列工作的管理；品质保证是为满足客户的品质要求而进行的一系列的检查，以保证品质。品质管理是实现品质保证的手段，如图1-24所示。

品质管理与品质保证，其各自的目的、目标、方法又截然不同，如图1-25所示。

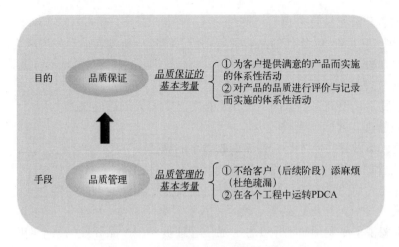

图 1-24　品质管理与品质保证的关系

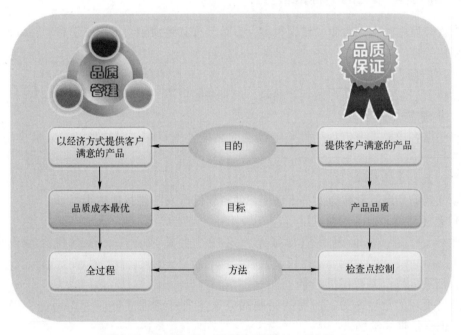

图 1-25　品质管理和品质保证的目的、目标和方法

1.5.4　品质管理的 7 种误解

每个读者都会对品质管理有自己的认识，然而这种认识不一定正确。以下 7 点就是常见的错误认识。

（1）品质管理就是严格检查

这个认识是 20 世纪 20 年代的品质管理思想，已经远远跟不上社会发展需求，现在已经是精细化品质管理时代，况且检查是品质验证阶段的品质管理的一种手法。

（2）品质管理就是实施标准化

标准化只是品质管理的手法之一，而不是全部内容，品质管理是一个系统工程。

（3）品质管理就是统计分析

这个认识是20世纪30年代的品质管理思想，统计分析现在已经发展成为品质管理中寻找问题的一种方法。

（4）品质管理是很高深的学问

品质管理并不是很高深的学问，但是有技巧且需要人们用心来做。

（5）品质管理花钱多，而收效少

恰好相反，不做好品质才是花钱多而收益小的做法。

（6）品质管理是管理层的事情，与自己无关

品质管理与人们的日常工作息息相关，是需要全员实施的群体活动。

（7）品质管理只是在出现品质问题时才需要实施

这种思想忽视了品质预防的重要性，品质管理贯穿于产品开发的整个期间。

1.5.5　品质管理常犯的7种错误

在软件开发中，人们常犯的错误很多，总结起来其致命错误有以下7种，在软件开发中一定要引以为戒。

（1）零缺陷误区

要持续改进结果，不只是做到零缺陷，没有缺陷也不一定能够确保客户满意。

（2）管理方式不当

没有根据客户要求设定计划性与持续性的品质管理目标，对软件开发人员采用命令式管理。

（3）过高的人力成本

由于低效的开发过程和高人员流动率，使得软件开发与维护成本很高。

（4）忽视品质而追求短期进度

虽然赶上了进度，但是品质却很差，这往往会造成返工，最终将会造成更大的损失。

（5）所有问题都是程序员的错

从项目管理的角度来说，所有的问题都应该是项目经理（Project Manager，PM）的问题，不要把责任推卸给别人。

（6）对品质管理缺乏耐心

性子急的管理者或者PM不会明白品质的改进是一项长期的系统性工作，不能因性急就失去了对品质提高的耐心。

（7）落后的思想

仅仅关注技术，而不注重品质。

1.5.6　品质保证常犯的11种错误

程序员很少关注品质保证内容，因此也很少有机会总结与反省品质保证的错误。表1-4总结了实践中常犯的11种错误，人们可以以此为警示。

表 1-4　品质保证常犯错误

分　类	说　明
式样	需求不够直观，主要表现在以下方面： ① 客户的规格难以正确传达给开发者 ② 规格设计书不能够全面体现软件的动作 ③ 不能断定代码是否遵循了规格要求
软件开发	软件开发方面主要表现在以下方面： ① 设计者不能够正确地将设计规格传递给程序员 ② 不能防止设计者及程序员的人为失误 ③ 没有采取检出故障的有效手段 ④ 客户期望的品质要求难以实现
品质管理	品质评价方面主要表现在以下方面： ① 没有规定品质的管理水准 ② 难以定量评估品质水准 ③ 客户与开发者的评价结果难以一致 ④ 开发过程没有品质数据，只能够从结果来评价品质

对于以上的问题，如何进行避免呢？表 1-5 给出了参考答案。

表 1-5　品质保证常犯错误的解决方案

分　类	说　明
文档化	① 准备好《设计书执笔要领》，包括统一用词、统一规格（格式、编号等）、统一写法（记述内容、记述深度） ② 建立并使用设计联络报告单（QA 报告单）、课题报告单等工具 ③ 建立决定、周知、保管、废弃等规则
重视评审	① 在全员平等的前提下进行评审 ② 信息共享 ③ 利用第三者或经验者
正确评价	① 明确开发流程 ② 确定各阶段评价方法 ③ 进行定量的客观分析 ④ 根据评价结果采取行动

1.6　软件品质成本构成要素及效率

1.6.1　成本构成要素

品质成本，指的是产品或者服务所支出的总成本，包括为使所生产的产品或者服务符合要求而做的所有工作。

品质成本必须从"投资"的角度去理解，必须认识到**软件品质投资的目的在于减少成本**。

图 1-26 介绍了品质成本的主要组成：预防成本、注入成本、验证成本和失效成本。

（1）预防成本

预防成本指为无缺陷的产品而支出的前期成本。

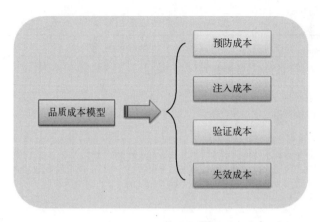

图 1-26　品质成本模型

（2）注入成本

产品制造各个阶段的品质注入成本，包括各种检查、评审、分析与判断成本。

（3）验证成本

产品验收各个阶段的品质验证成本，包括各种检查、评审、分析与判断成本。

（4）失效成本

失效成本分为内部失效成本与外部失效成本。内部失效成本是指在产品交付之前，软件开发者发现产品有欠缺而进行的纠正工作，在 IT 领域一般就是指强化测试。外部失效成本则是指在产品交付之后，客户认为交付的产品没有达到要求，而让软件开发者进行的后续改进工作。表 1-6 展示了 4 种成本要素。

表 1-6　品质成本要素

预　　防	品 质 注 入	品 质 验 收	失　　效
培训	计划	计划	缺陷分析
研究过程和改进	评审	测试	返工
咨询	定量、定性评价分析	评审	修复
资格	判断	定量、定性评价分析	投诉处理与解决
	确认	判断	
	监控	品质强化	

进行软件品质成本分析的目的，不是为了降低软件品质的成本或者投资，而是为了保证所花费的成本是合适的、值得的。品质成本更多的是关注预防与注入，而不仅是验证与失效，由此可以获得更可观的品质投资回报。

对开发中的软件产品，**在各阶段发现的不良的纠正代价是逐渐递增的**，而且成指数增长，如图 1-27 所示。例如，在设计阶段发现的不良修复成本代价是 0.5 的话，那么在系统测试时，就是 5——翻了 10 倍。所以，一定要重视前期的品质，做好式样的评审工作——花钱要花在刀刃上，就是这个道理。

在国内，软件缺陷在开发的各个阶段所占的比例如图 1-28 所示，由图可知在设计阶段产生的缺陷占比非常大，因此要特别注重品质注入。

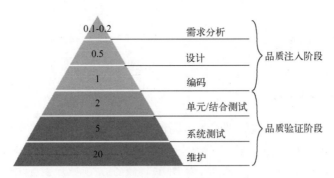

图 1-27　不良发现时机成本

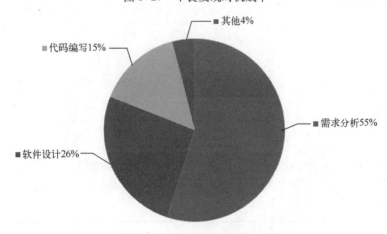

图 1-28　各阶段软件缺陷比例

1.6.2　软件品质与效率

提高生产率是各个企业追求的目标。那么提高生产率与品质有什么关系呢？

提高生产率，首先要明白生产的产品是什么。而产品最重要的就是要满足客户期待的品质需求。**产品必须具备"魅力品质"，客户才满意，这正是提高生产率的理论基础。**

产品生产过程不是越快越好，因为粗糙的生产流程将会产生各种品质不良与返工。特别是软件生产，这是一次性、长时间的劳动成果。若在开发过程中出现各种品质问题，那么不但会增加成本，更重要的是影响产品交付时间。特别是前期阶段的品质不良将会带来更大的返工，这也是软件开发的特殊性。在实施品质管理进行品质保证的同时，需要进一步提升工作效率。

提高效率时要注意以下 3 点。

① 项目经理需是一名一流的品质专家，具备充分且扎实的品质分析与改善技能。

② 项目成员需要有足够的品质意识，且乐于参与品质改善。

③ 及时实施品质信息共享。

NOTE: 　　　　　　　　　软件测试与生产率

软件品质是在设计与编码阶段决定的，软件测试的目的是为了验证品质。依赖测试提高品质的开发方法不能实现高品质与高生产率。

1.7 戴明软件品质管理

1.7.1 戴明 PDCA 圆环

戴明博士是世界著名的品质管理专家，因他对世界品质管理发展做出的卓越贡献而享誉全球。以戴明命名的"戴明品质奖"，至今仍是日本品质管理的最高荣誉。

其著名的戴明 PDCA 圆环，如图 1-29 所示，被各个领域广泛应用。在软件开发领域 PDCA 应该如何应用呢？

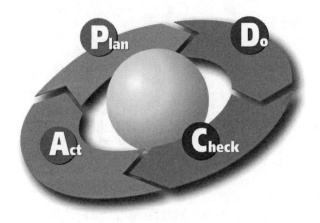

图 1-29　戴明 PDCA 圆环

1. Plan

制订各个开发阶段计划，设置品质目标，如图 1-30 所示。

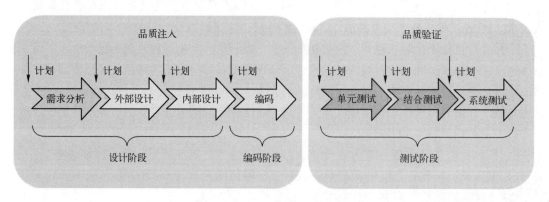

图 1-30　制订各阶段品质计划

（1）设置目标值

目标值主要包含以下 3 点。

① 设计书的错误密度（件/100 页）。

② 故障检出密度（件/KS）。

③ 测试密度（件/KS）。

（2）设定测试判断基准

设定测试开始基准，完成基准。

2. Do

在整个软件开发的过程中执行计划（设计/编码/测试）。

3. Check

在整个开发过程实施评审（评价结果与计划的差距），如图1-31所示。

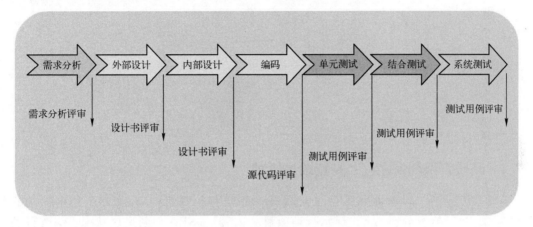

图1-31　品质评审实施时机

（1）通过评审进行检查

评审对象成果物一般分为以下4类。

① 设计书评审。

② 源代码评审。

③ 测试用例评审。

④ 各种操作范例评审。

（2）定量、定性评价

定量、定性分析的对象与成果分别如下。

① 设计成绩书。

➢ QA管理表。

➢ 错误管理表。

➢ 课题管理表。

➢ 设计品质管理表。

➢ 设计者水平管理表。

② 测试成绩书。

➢ QA管理表。

➢ 故障管理表。

➢ 课题管理表。

➢ 测试品质管理表。

➢ 测试管理表。

➢ 测试员水平管理表。

③ 工程阶段完成报告书。

根据评审时收集的品质数据进行定量与定性分析，并把分析结果反映到设计成绩书、测试成绩书及结果报告书里。

4. Action

根据各阶段评审结果，制定改善对策并实施（实施对策与指导）。

（1）改善产品

① 改善设计书。

② 改善代码。

③ 改善操作范例。

（2）改善工作流程

① 改善管理方法。

② 标准化推进与管理。

③ 导入开发工具。

1.7.2　品质管理解密之三：持续改进原则

持续改进原则，即**软件品质管理实质——持续转动 PDCA**。在实际工作中常用的是 CAPD：C，进行检查分析⇒A，提示行动项目（内容）⇒P，判断进展状况、修改行动计划、考虑优先顺序、修改评价计划⇒D，采取行动，以此来建立随时的品质保证框架。

图 1-32 介绍了软件开发中 PDCA 的循环推进过程，在**每个阶段都要有"客户意识"**，以最大化地保证本阶段的品质。

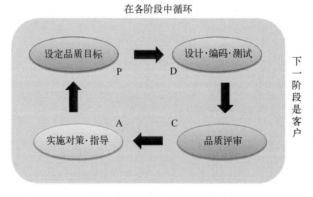

图 1-32　品质管理推进方法

PDCA 的持续改进，是一个循环过程，如图 1-33 所示。PDCA 循环就像爬楼梯一样，每循环一次，就解决一部分问题，取得一部分成果，工作就前进一步，水平就提高一步。每通过一次 PDCA 循环，都要进行总结，提出新目标，再进行第二次 PDCA 循环，使品质改进的车轮滚滚向前。

从实践中总结的**持续改进原则实施时的重要技巧**有以下 4 点。

① 以客户的立场来进行持续改进。

② 使用一致的方法推行持续改进。

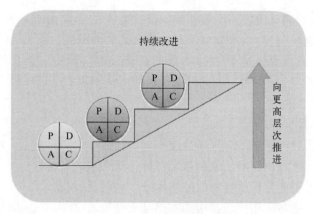

图 1-33　软件品质持续改进

③ 为项目成员提供有关持续改进的方法和手段的培训。

④ 组织的每个成员都应将产品、过程和体系的持续改进作为目标。

这一项是五项品质管理解密中最重要的一点，也是日本品质管理技术之核心。

1.7.3　戴明品质管理十四法

戴明另外的一项贡献就是其提出的品质管理十四法。应用到软件开发中，以下 14 点就是最佳实践内容。

① 确定改进系统和服务品质目标，制定标准的工作规范，来满足客户需求。

② 目前处于软件工程和项目管理的新时代，项目经理必须面对挑战，承担责任，并领导变革。

③ 停止靠大规模测试来提高品质的思维，要在产品生产中注入品质。

④ 废除最低价竞标制度。

⑤ 持续改进系统开发过程，从而提高生产率以降低系统成本。

⑥ 建立完整的在职培训体系。

⑦ 建立领导体系，项目经理的工作是让程序员与系统更好地工作。

⑧ 清除员工不敢提问题、建议的恐惧心理，让员工更有效地工作，管理层应该对组织和环境的错误负责。

⑨ 清除团队之间的障碍，项目成员必须具有团队合作精神。

⑩ 不要以标语口号等形式要求零缺陷和提高劳动生产率，而是需要实际的方法与执行手段。

⑪ 废除工作现场的工作标准量，代之以领导力。

⑫ 建立工艺、技术、品质的尊严，项目经理的责任是把关注进度转到关注品质。

⑬ 所有人建立起教育和自我提高的机制，要建立对项目经理和程序员的培训的承诺。

⑭ 改革是工作的一部分，每个人都要有为转型而做贡献的义务。

小结

本章重点讲述了软件品质的基本理论与概念，是后续章节知识与技巧体系的基础。设计阶段的完美品质注入与测试阶段的完美品质验证技能体系是本书的核心，亦是日本先进的品质管理精髓与技巧的总结，后续章节也是对本核心的具体阐述。品质大师戴明的品质管理手法，在软件开发中非常重要，是 IT 技术人员的必备技能。另外，应了解软件成本构成，知道预防成本与注入成本的重要性，而执行这一切的中坚力量就是程序员，由此可知提高程序员本身品质素养的重要性。

另外，对品质管理要点进行以下总结。

① 需要整理品质管理体系图，提高品质框架。

② 要从建立标准到重视标准，维护与发挥标准所带来的利益。

③ 要从客户立场明确分析所要求的品质水准，进行设计与开发。

④ 充实评审的方法与运作技巧，切实实施品质评价。

⑤ 根据客户对品质的反馈，迅速改善客户意见内容，并制定再发防止对策。

⑥ 需要设定品质评价的常用管理条目，将品质定量化。

⑦ 需要收集与管理品质数据，以进行定量与定性分析。

⑧ 注重本阶段品质对下一阶段的影响。

⑨ 品质管理需要在实际工作中注重"手法""技巧""教育"与"交流"。

练习题

1. 软件品质包含哪些内容？
2. 项目失败的原因有哪些？
3. 软件素材是什么？
4. 品质注入与品质验证各包含哪些工程阶段？
5. 什么是品质保证？
6. 软件品质管理与品质保证的基本考量是什么？
7. 软件品质管理常犯的 7 种错误是什么？
8. 软件的成本要素有哪些？
9. 软件品质管理的实质是什么？

10. 某承包商承包了一款小软件的从提案到最终交付成果的整个项目，小组成员有 8 位，但是这个项目成了"问题项目"，因此替换了 PM，同时增加了 3 位高级 SE，又通过加班的手段进行品质强化，最终把产品按时交付给客户。那么猜测一下最终所用的成本费用是原来费用的多少倍？

第 2 章　软件品质管理要点

在阅读本章内容之前，首先思考以下问题：

1. 软件品质管理的层次结构是什么？
2. 品质管理体系包含哪些内容？
3. 品质数据有哪些？
4. 各阶段品质标准值是多少？

2.1　品质管理层次

首先，需要理解品质管理的层次是如何划分的，另外还要明白应该在哪个层次重点实施品质管理。如果实施重点品质管理的层次错了，品质管理就收不到预期的效果。

根据软件开发流程的特点，品质管理划分为横向层次；根据软件产品的结构特点，品质管理划分为纵向层次。品质管理层次的划分，可以使人们更加深入地了解品质管理在软件开发各个阶段软件产品从整体到细节的品质情况，其目的是便于品质保证与品质管理，进而提高开发者的品质管理意识。

2.1.1　软件开发的 V 模型

软件开发流程一般包括需求定义、需求分析、外部设计、内部设计、编码、单元测试、结合测试及系统测试 8 个阶段。无论是**业务开发流程还是架构开发流程，都是"V"字模型**，如图 2-1 所示。也就是说，代码对内部设计的反应如何，需通过单元测试来进行验证；相应的功能结合测试对应的是外部设计；业务结合测试对应的是功能定义与业务流程；系统测试对应的是需求整理的内容。

在软件开发过程中有很多任务（工作）对象，特别是大型软件开发。而对软件架构师来说主要关注的任务如图 2-2 所示。另外，软件架构师还必须了解项目启动阶段与需求阶段的各种重要信息，如系统鸟瞰图等。

2.1.2　横向层次

品质管理贯穿软件开发的整个过程，因此从开发流程角度，品质管理分为需求分析、外部设计、内部设计、编码、单元测试、结合测试与系统测试等层次，如图 2-3 所示。

2.1.3　纵向层次

由 1.3.4 小节可知，系统可划分为若干子系统，而子系统又是由各业务组成的，业务又由功能部分组成，而功能内部又划分为各种功能模块，如图 2-4 所示。根据软件自身构成的特点，对软件的品质管理的纵向划分也是如此。

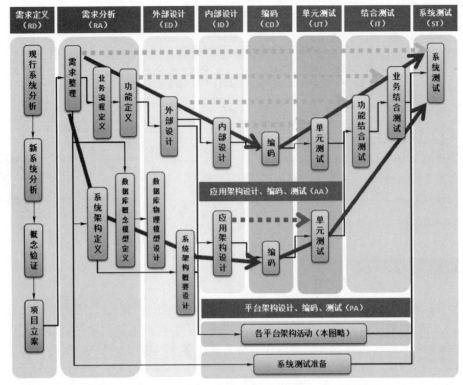

图 2-1　软件开发 V 模型

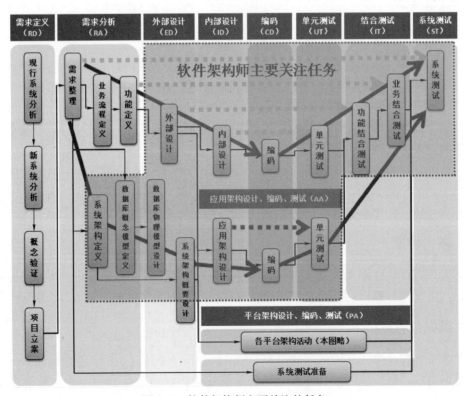

图 2-2　软件架构师主要关注的任务

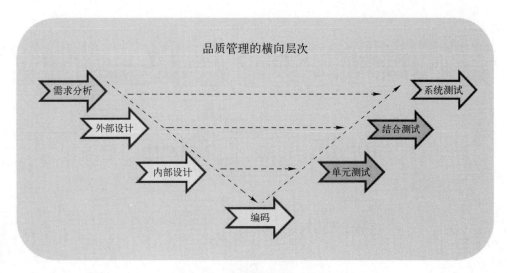

图 2-3　品质管理的横向层次

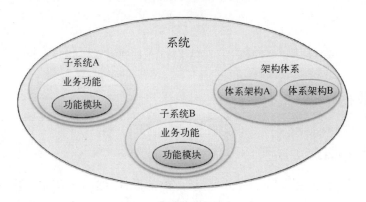

图 2-4　品质管理的纵向层次

2.1.4　横向层次与纵向层次的关系

品质管理的横向层次与纵向层次并不是孤立的。如图 2-5 所示，流程前期关注较高的是纵向层次，更注重于子系统、业务与功能；流程中期关注功能模块品质；流程后期关注更高的纵向层次品质。这样，在品质注入阶段先细分到模块层次，品质验证阶段再从模块开始，一层层集中起来，在这样相互交错的系列的工作中进行品质管理。

另外，在开发新系统时，对于客户来说系统还是一个空想的系统，**通常客户一开始对自己的需求并不十分明确，很多潜在的需求需要通过某些契机来挖掘**。因此，在需求与外部设计阶段确定之后经常会有功能的变更、增加与删除，这也是很正常的现象。对于开发方来说，进入开发期后，也要时刻准备满足客户的新需求，但是受到交货期和费用的限制可能无法全部满足，处理技巧有很多，具体内容可参照"经典案例十二"。

最终客户期待的是理想的系统，以魅力品质为要求的软件开发，最终必能超出客户的预期。

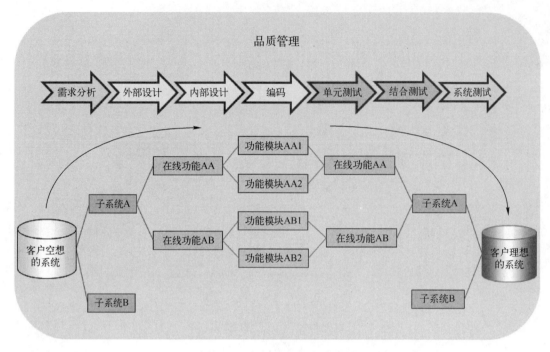

图 2-5 品质管理阶层的细化

2.2 品质数据

2.2.1 品质数据概念

品质数据，是在品质注入阶段（外部设计/内部设计/编码）及品质验证阶段（单元测试/结合测试/系统测试）进行品质评价的基础数据，主要对象见表 2-1。

表 2-1 品质数据种类

阶 段	品 质 数 据
品质注入阶段	评审时间、评审轮次、错误件数、文档页数、设计规模等
品质验证阶段	故障件数、测试项目数、规模等

品质数据是实施品质管理的最佳证明材料，俗话说"巧妇难为无米之炊"，如果没有这些基础数据就无法进行品质分析。一旦对这些品质数据的把握与收集懈怠，那么项目往往就会成为"问题项目"，而且这样的问题项目在实际开发中举不胜举，因此要切实地管理与用好这些基础数据。

2.2.2 品质数据收集时机

人们知道品质数据很重要，然而数据却是时时变化的，如果不把握好统计的时机，所得出的数据的有效性与价值就会大打折扣，因此**把握时机非常关键**。那么，什么时候进行数据统计才可以得到最佳效果呢？图 2-6 展示了开发各个阶段品质数据把握的关键时机。

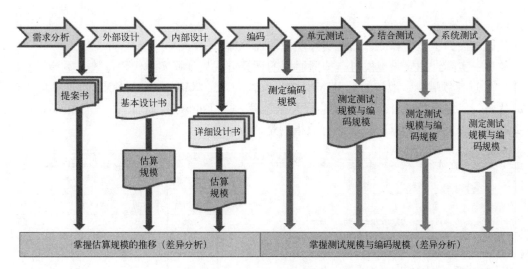

图 2-6　品质数据把握时机

图 2-6 左侧是品质注入阶段的规模计算。这部分需要掌握设计书规模大小以及设计书评审数据。设计完成时，要根据本阶段的设计情况预估系统规模，再用此数据来推测项目预算与工期的风险。

图 2-6 右侧是品质验证阶段的规模计算。这个测定需要在本阶段开始前进行，在本阶段结束后再次统计规模。之后对前后规模进行分析：如果有较大变化，那么就需要判断是设计不良还是编码不良。根据分析的实际情况采取必要行动。另外，还需要判断由于规模的增减（整体规模与各功能模块规模）是否需要增加测试。

在软件开发过程中，很多情况下是对旧系统的改造，改造过程中旧系统的部分功能可能会被重新利用，如图 2-7 所示。计算规模时，也要**区分新开发代码规模与重用规模**。

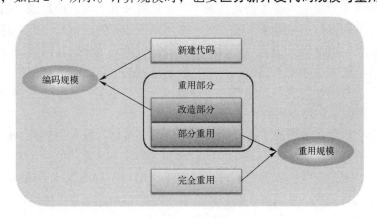

图 2-7　规模构成

另外要注意以下**几个品质数据的区别**。

（1）估算规模

为实现设计书的内容事先对所需要的软件规模进行推测的软件代码规模。

（2）测试规模

测试对象代码的实际规模，具体内容可参照 5.1.3 小节。

（3）代码规模

代码规模，不是估算值，而是实际规模的计算值。

注意：实际计算代码规模时，按照通用的计算方式只计算实际代码行数，不计算空行与注释。在 Java 领域，一般指的是 HTML、JSP、JS、CSS、XML、Java、SQL 及 Shell 等文件格式的代码。代码行数统计工具很多，给大家推荐一款 Eclipse 免费插件——StepCounter。如图 2-8 所示，在统计数据时，代码行数指的是 Actual 这列。

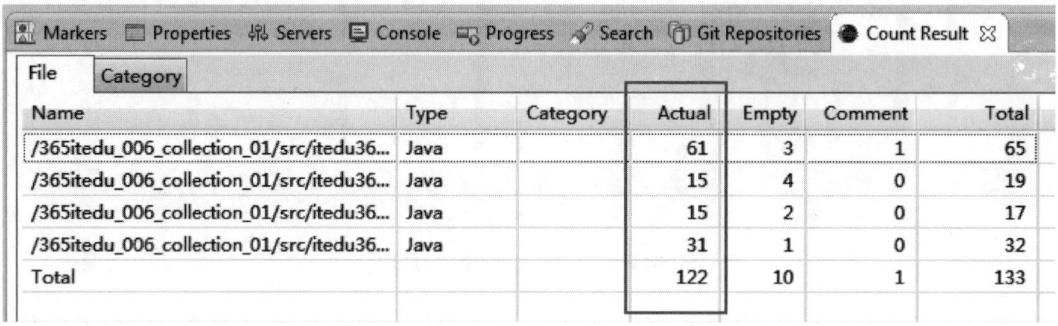
Markers
Properties
Servers
Console
Progress
Search
Git Repositories
Count Result
File
Category
Name | Type | Category | Actual | Empty | Comment | Total
/365itedu_006_collection_01/src/itedu36... | Java | | 61 | 3 | 1 | 65
/365itedu_006_collection_01/src/itedu36... | Java | | 15 | 4 | 0 | 19
/365itedu_006_collection_01/src/itedu36... | Java | | 15 | 2 | 0 | 17
/365itedu_006_collection_01/src/itedu36... | Java | | 31 | 1 | 0 | 32
Total | | | 122 | 10 | 1 | 133

图 2-8　代码行数统计

经典案例四：把握品质数据变化的重要性

某承包商承包了一款软件的从提案到系统测试阶段的软件项目开发，可是在外部设计阶段发现规模有大的变更，那么应该如何处置呢？

案例解析：

作为项目 PM，最大的责任是什么呢？如果学过 PMP，就会知道——是用有限的资源成功完成项目，而资源的最终表现形式就是成本。在项目开发中保证项目成功的方法与手段很多，其中，最小的误差估算是最重要的一个。如何保证估算的误差最小呢？这就需要 PM 把握各个阶段规模变化的数据，特别是项目从最初提案书中的规模估算到详细设计阶段中各个阶段的规模估算。随着设计越来越详细，对系统的把握与认识也越来越深刻，那么在需求分析、外部设计及内部设计完成后，估算的规模有没有大的差异？能否在预算内完成项目呢？这个责任对 PM 来说是至关重要的。

任何项目都有风险。如果成本在设计的某个阶段评审后有很大的提升，那么这个时候就需要在当前阶段进行规模缩减（只有在设计阶段和客户商谈才能占据主动性），否则就很有可能超过预算。如果此时没有和客户商讨预算规模（增加工程附议或者减少功能），那么到软件编码阶段才认识到就已经晚了，如果此时减少功能，系统就有可能运转不良。

如果是少许地增加功能，那么可以在提高生产力上多下功夫，力争在预算内完成项目。因此，对各阶段的规模进行预估并分析是否有偏离，是项目经理必做的事情之一。

2.2.3　品质数据收集方法

因为品质评价的单位是模块，因此收集品质数据时要以**功能模块为单位进行收集**，所以在使用品质管理工具时，最小阶层要设置到模块级别，如图 2-9 所示。

图 2-9　品质数据收集方法

2.3　各阶段品质标准值

2.3.1　品质管理解密之四：底线原则

所谓**底线原则**，就是构建软件品质管理的底线（红线），为各阶段制定品质标准值，不逾越底线。

各工程阶段开始前，为确保该阶段的品质水平，需要设定本阶段的品质标准值。

开发过程中的**主要品质要素**有以下 4 个（衡量品质的尺度）：

① 评审密度（分/页）；

② 错误密度（件/100 页）；

③ 测试密度（件/KS）；

④ 故障密度（件/KS）。

品质标准指的是各阶段品质要素的目标值，如果超过目标值就需要采取措施，如图 2-10 所示。

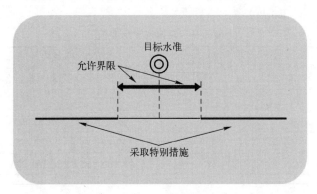

图 2-10　品质目标水准

品质水准要根据实际情况进行设置。在有委托项目时，要与对方 PM 沟通，确立相应的品质水准。

从实践中总结的**底线原则实施时的重要技巧**有以下 3 点。

（1）满足要求

即满足与客户约定的产品品质要求。

（2）最少资源

为满足品质要求及过程管控的需要，企业决策层应配备项目品质管理的最少资源。这些资源包括设备、人员、必要的培训及相应的授权等。

（3）禁止作假

这种作假包括检验数据弄虚作假等。弄虚作假的行为，往往是品质事故的一大根源。作假行为有企业行为和员工行为：企业行为是企业授意员工作假以在客户面前显示更漂亮的数据；员工行为则是员工自主的作假行为，例如员工为应付检查，将未及时填写的报表用想当然的数据填上。

软件产品开发若能守住底线原则，就一定不会出现混乱不堪的局面。

2.3.2　品质注入阶段的品质标准值

评审密度标准值是设计阶段式样品质评价的要素之一，计算方法是本轮评审时所评审式样书的平均评审时间（分钟/页），如表 2-2 所示。

注意：评审密度没有上限，因此如果业务比较复杂，那么也许评审时间比设计时间还要多。

表 2-2　评审密度标准值

阶　　段	分　类	允许界限（下限）	标准目标水准		允许界限（上限）
			水　准	标准水准比例	
品质注入阶段	RA	1.0	2.0	26.67%	—
	ED	1.5	2.5	33.33%	—
	ID	2.0	3.0	40.00%	—
合计		4.5	7.5	100.00%	—

错误密度标准值是设计阶段式样品质评价的要素之一，计算方法是 100 页的式样书中的错误件数（件/100 页），如表 2-3 所示。

表 2-3　错误密度标准值

阶　　段	分　类	允许界限（下限）	标准目标水准		允许界限（上限）
			水　准	标准水准比例	
品质注入阶段	RA	9.8	15.0	37.50%	24.0
	ED	7.6	13.0	32.50%	21.0
	ID	7.0	12.0	30.00%	19.0
合计		24.4	40.0	100.00%	64.0

2.3.3　品质验证阶段的品质标准值

测试密度标准值是验证阶段代码品质评价的要素之一，计算方法是 1000 行代码中的测试件数（件/KS），如表 2-4 所示。

表 2-4　测试密度标准值

阶　　段	分　　类	允许界限（下限）	标准目标水准		允许界限（上限）
			水　　准	标准水准比例	
品质验证阶段	UT	79.4	134.4	58.84%	207.8
	IT	30.0	74.8	32.75%	166.6
	ST	8.4	19.2	8.41%	37.8
合　计		117.8	228.4	100.00%	412.2

故障密度标准值是验证阶段代码品质评价的要素之一，计算方法是 1000 行代码中的测试件数（件/KS），如表 2-5 所示。

表 2-5　故障密度标准值

阶　　段	分　　类	允许界限（下限）	标准目标水准		允许界限（上限）
			水　　准	标准水准比例	
品质验证阶段	UT	3.5	7.5	59.06%	11.3
	IT	1.2	4.2	33.07%	7.1
	ST	0.3	1.0	7.87%	1.8
合　计		5.0	12.7	100.00%	20.2

实际工程中，**如果故障密度与计划值接近，那么故障就是收缩中**，品质就会比较稳定。如果测试用例全部测试完毕，故障也解析应对完毕，那么就可以说故障收缩了么？要知道，测试用例不可能完全覆盖所有的测试内容，而且测试结果也不一定准确无误；测试遗漏的现象也时有发生，因此系统测试后遗留潜在故障的可能性就非常高。此时，故障收缩的真正含义就是：故障有事前预测，如果实际值与其相近，那么品质状况就是收缩状态中，不会有太大的品质问题；当然在允许的范围内还是有些潜在的故障，这些潜在故障就是运行时期品质保障范围内的工作。因此，预测精度越高，故障收缩的判断精度也就越高，测试结果的品质信任度也就越高。

扩展应用：有些大项目，开发周期比较长，为了保证品质，测试阶段会做很多划分。例如，IT 被划分为 IT1（功能内处理的结合测试）、IT2（功能间的结合测试）、IT3（业务间功能的结合测试）3 个阶段来进行测试。那么再次细化后的各阶段的故障检出标准应该如何计算呢？很多程序员以为都按照标准值（例如：IT1 = IT2 = IT3 = 4.2）来计算。实际上如果这样计算，最终品质应该如何判定呢？按照哪次的来计算？因此这样是行不通的。正确算法应该按照前多后少的原则，而不是平均值。一般来说，分两次的情况下是 2:1 的关系（即 IT1 = 2.8，IT2 = 1.4），分 3 次的情况下是 3:2:1（即 IT1 = 2.1，IT2 = 1.4，IT3 = 0.7）的关系。

2.3.4　预测故障件数算法

预测故障件数算法以标准件数为基准，根据项目难易度等指标进行加权计算。加权项目主要有以下 4 个方面。

1. α：系统难易度

系统难易度指的是以编码的复杂性、独立性、沟通的畅通性等方面来进行权衡，系数设定在 0.7 ～ 1.2 之间。如果难度不是非常高，一般设定为 1（例如：办公自动化系统这种比较简单的可设定为 0.7；邮件产品可设定为 1；而对于特殊系统如与硬件有电文交互的，以及银行系统等难度比较高的，可设定为 1.2）。

2. β：语言系数

语言系数指的是用开发技术语言来进行加权，系数设定在 1.0 ～ 1.2 之间。一般来说，微软系与 Java 系都可以设定为 1，因为已熟知技术人员比较多，遇到技术难题也容易到网上查询解决。如果是 COBOL 等大型机或者其他比较生僻的语言开发的话，可以设定为 1.1 或 1.2。

3. γ：改造系数

改造系数指的是改造率，改造率按照正态分布，系数设定在 0.86 ～ 1.29 之间。新建的情况下，设定为 0.86；改造率为 50% 的情况下设定为 1.29，如表 2-6 所示。

表 2-6　改造率与改造系数

编　号	改　造　率	改造系数标准值	备　　考
1	0	0.86	新建
2	0.01 ～ 0.14	0.92	
3	0.15 ～ 0.24	1	
4	0.25 ～ 0.34	1.12	
5	0.35 ～ 0.44	1.24	
6	0.45 ～ 0.54	1.29	
7	0.55 ～ 0.64	1.24	
8	0.65 ～ 0.74	1.12	
9	0.75 ～ 0.84	1	
10	0.85 ～ 1.00	0.92	

※改造率 = 改造规模 ÷ 整体规模 ×100%

4. δ：程序员系数

程序员系数指的是参加项目程序员的技术能力，系数设定在 0.5 ～ 2.0 之间。整个项目的程序员系数是整体项目组成员的平均水平。

设计阶段使用的 SE 技术能力水平由高到低顺序（A ～ D），如表 2-7 所示。

表 2-7　工程师（SE）能力划分级别

等　级	技　术　水　平	管　理　水　平
A	在需要高度专业知识技术的系统开发中，能够设定基本条件、综合分析系统、并在开发设计中起核心主导作用	作为项目经理或者项目组长，并具备统括全局的能力
B	在系统开发中，有能力设定基本条件、综合进行系统分析、设计、开发与评价	具有管理单个项目组或者多个项目组的能力
C	在系统的主要部分开发中，有能力进行系统分析、设计与评价；亦可以用标准工具进行系统分析与设计	有能力作为组长进行管理
D	在组长的指导下，有能力对有开发先例的系统进行设计；亦可以用标准工具进行部分系统的设计与评价	有对组长支持的能力

开发阶段使用的程序员（PG）技术能力水平由高到低顺序（A ～ E），如表 2-8 所示。

表 2-8　PG 能力划分级别

等级	技 术 水 平	管 理 水 平	经验	项目组成员比例（%）	10 20 30 40 50（%）
A	在需要高度专业知识、技术的系统开发中,能够主导基本功能的设定与开发设计与编码	作为项目经理或者项目组长,并具备统括全局的能力	10 年以上	5	
B	在系统开发中,有能力进行开发设计以及高难度程序设计与编码	具有管理单个项目组或者多个项目组的能力	7～9 年	20	
C	在系统的主要部分开发中,有能力进行开发设计以及程序设计与编码	有能力作为组长进行管理	5～6 年	55	
D	能够独立进行程序的设计与编码	有支持组长的能力	3～4 年	15	
E	在指导下,能够进行程序设计与编码	—	1～2 年	5	

预测故障件数的基础值就是系统的代码规模 C（Code，单位：KS）与标准故障数 S（Standard，单位：件/KS）的乘积。而预测故障的算法：

$$预测故障件数 = C \times S \times \alpha \times \beta \times \gamma \times \delta$$

注意：这里的预测故障件数算法，不仅适用于整个项目，也适用于个别业务，亦适用于针对每个程序员所担任测试内容的故障值预测。

2.4　品质管理项目

2.4.1　定量品质分析管理项目

定量分析的对象就是需要进行品质管理的项目。因为在各个阶段分析的对象不同，所以需要管理的资材就不一样，表 2-9 对其进行了总结。

表 2-9　定量品质分析管理项目

编号	分　类	外部设计	内部设计	编码/单元测试	结合测试	系统测试
1	文档错误件数	√	√	—	—	—
2	评审次数	√	√	—	—	—
3	文档页数	√	√	—	—	—
4	规格变更件数	—	—	√	√	√
5	编码/测试规模	—	—	√	√	√
6	单元测试用例件数	—	—	√		
7	结合测试用例件数	—	—	—	√	
8	系统测试用例件数	—	—	—		√
9	故障处理单件数	—	—	√	√	√
10	进度尺度	√	√	√	√	√
11	客户间课题管理表	√	√	—	—	—
12	项目内课题管理表	√	√	√	√	√

注意：表2-8中前10项与表2-9中前6项内容，要根据项目大小（中大项目：8个月以上，峰值人数15人以上；小规模：2~8个月，峰值人数5~14；微小项目：2个月未满，峰值人数不足5）进行取舍。而表2-8与表2-9中剩下的项目与项目成本有很大关系，PM一定要注意及时进行确认与把握。

2.4.2 定性品质分析管理项目

同样，定性品质分析管理项目如表2-10所示。

表2-10 定性品质分析管理项目

编号	分 类	外部设计	内部设计	编码/单元测试	结合测试	系统测试
1	错误发生倾向	√	√	—	—	—
2	故障发生倾向	—	—	√	√	√
3	测试用例编写流程	√	√	—	—	—
4	规格变更影响	—	—	√	√	√
5	业务特性（难易度）	√	√	√	√	√
6	程序特性（难易度）	√	√	√	—	—
7	设计书执笔标准的遵守性	√	√	—	—	—
8	编程规约的遵守性	—	—	√	—	—
9	客户要求规格	√	√	—	—	—
10	客户间课题管理表	√	√	—	—	—

2.5 品质分析报告写作技巧

进行品质分析时，要经过定量品质分析与定性品质分析，最后形成品质分析报告。品质分析报告范围请参照附录B5。

2.6 品质判定

品质判定是项目品质管理工作中的重要环节。该阶段的品质是否有保障，是能否进入下一阶段工作的判定标准。

品质判断的最终结果就是**品质判定等级**，简称"品质等级"，是对本次任务的成果物进行品质判断结果的划分，如表2-11所示。品质判定合格并经过PM审批后可以开展下一阶段的工作。如果判断品质有问题，那么就要通知PM采取补救措施。如果各阶段判定都可以达到优秀，那么最终得到客户魅力品质判定的机会就会很大。

表2-11 品质等级

等级代号	等 级	判 定 标 准
A	优秀	超出预期目标，错误/故障检出率在预定值的0.5倍以内
B	合格	符合预期品质目标
C	不合格	不符合预期品质目标，有部分功能模块品质出问题
D	极差	超出预期目标，错误/故障检出率在预定值的1倍以上

注意：判定时，要读什么数据，从数据里读取出什么，能做出什么样的判断，这是判定时的重点。要进行正确的判定，需要注意以下几点。

① 关注哪些品质数据。

② 如何分析与评价各种数据。

③ 如何进行多个评价项目相结合的综合诊断。

在定性分析方面必须尊重数据与事实，除了需要具备品质管理员要求的经验与毅力以外，也需要灵感与智慧。

（1）经验与毅力

确认现象，追究原因，考虑对策，品质管理主要关注的是一个管理者决断力的强弱。

（2）灵感与智慧

将不能直接用逻辑进行处理的部分进行关联。

2.7 采取行动

2.7.1 项目成员培训与指导

很多参与项目的成员都有这种体验：进入项目后既不清楚该项目的品质管理要求，又不知道这些文件在哪里能找到。于是，就凭着自己的经验与习惯进行作业。出现这种问题是管理的失职，也是自己的品质意识不足。所以，品质管理者要做好对所有成员的教育工作，特别是品质管理流程与要求，要在项目组内通知。

项目成员教育注意事项有以下3点。

（1）制作培训规范

新人培训规范要系统、完整，主要内容一般如下：

① 必看资材一览（例如：项目简介资料，项目规定、规约、安全事项等）；

② 参照资材一览（例如：旧项目设计资材、类似项目资料等）。

（2）进入项目组时进行培训

为统一思想，新人进入项目组时要给出一定时间（一般一周以内）来进行教育。教育形式一般是由项目经理先进行项目大概内容与资材的介绍，之后就是成员的自学与探讨。

（3）即时指导

项目进行期间，根据发现问题的影响范围进行全员的即时指导。

2.7.2 品质管理解密之五：体系化原则

体系化原则是指品质管理要形成体系，不再是单点作战，亦不再是只依赖品质验证来进行品质管理，如图2-11所示。图中基本包含了软件品质管理体系相关的各种元素及品质管理流程，相关内容十分丰富，要下功夫进行掌握。

在从分析需求到最后把产品交付给客户的整个开发流程中，精细化的品质管理模式横向分为品质注入阶段与品质验证阶段。在每一个阶段内纵向采用品质管理思维方式进行管理，这样，横纵的品质管理方法与技巧就组成了完美的品质管理体系。

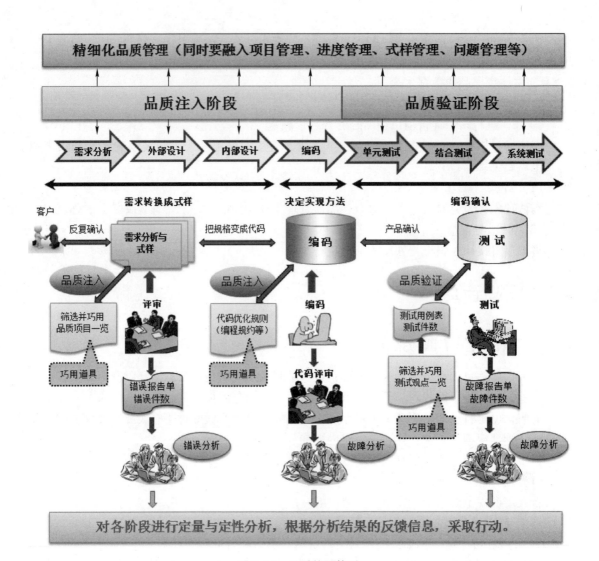

图2-11 品质管理体系

在整个体系的实践活动中，采取行动是品质管理工作中的最大难关。如前所述，在断定品质有问题时需要明确其理由，并向项目组长或PM提出改善要求，且跟踪其实施结果。

在采取行动时要注意以下要点。

① 不要错过时机，因为时过境迁。

② 不能只发出指示，要监督相关人员立刻行动起来。

③ 改善方案的进度管理要彻底。

④ 不要忘记改善方案的品质管理与分析，不能放任自流。

其中，第一点非常重要。如果错过时机，就无法达到预期效果，必然会带来损失。而且要注意防微杜渐，及时跟踪项目品质。

从实践中总结的**体系化原则实施时的重要技巧**有以下5点。

① 进行品质规划，建立切实可行的品质目标、品质组织、品质发展路线图等。

② 对人员进行系统性的培训。

③ 客户服务与设计优化等工作要有机统一。

④ 建立品质大数据系统，这些大数据包括生产不良数据、客户抱怨数据、改善的追踪数据、文件记录数据、潜在失效更新等数据。

⑤ 建立企业品质文化——学习文化与改善文化。

 及 时 周 知

品质管理流程与要求要在项目组内进行周知，开发过程中发现的共性问题亦要彻底进行周知管理。

小结

本章内容是品质管理实践的准备阶段工作。品质管理实践时，根据实际情况决定所需事项，从而进行有效品质注入与品质验证；同时，需要收集各阶段品质数据以便进行定量与定性分析；之后根据分析结果采取行动——这就是品质管理工作最基本的流程。

练习题

1. 软件开发流程包含哪几个阶段？
2. 应该如何收集品质数据？
3. 品质管理解密五的原则是什么？
4. IT 阶段被划分成 IT1、IT2 和 IT3，那么每次的目标指定值应该如何设定？
5. 如表 2-12 所示，如果客户案件预计规模是 400K，要求品质验证阶段合计故障标准值是 8，那么品质验证的各阶段故障标准值应该是多少？总体预测故障件数是多少？

表 2-12　计算各阶段故障标准值及总体预测故障件数

阶　　段	分　　类	标准件数	百　分　比
品质验证阶段	单元测试	？	68.40%
	结合测试	？	23.50%
	系统测试	？	7.00%
	验收测试	？	1.10%
合计		8	100.00%

6. 品质的 4 个等级是什么？
7. 写一份结合测试的品质分析报告。

第3章 品质注入之定量品质管理

在阅读本章内容之前，首先思考以下问题：

1. 什么是软件品质的定量分析？
2. 评审体系包含哪些内容？
3. 再评审条件是什么？

3.1 定量分析

3.1.1 定量化分析与定量的分析

定量分析，就是通过关注对象状态的连续数值变化捕捉品质变化情况。定量分析包含定量化分析与定量的分析两个过程。

（1）定量化分析

定量化分析指的是对从现场汇集到的品质数据（错误管理表、故障管理表等）的某种倾向进行集约，从而数值化，如图 3-1 所示。

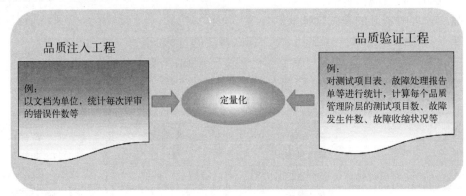

图 3-1　品质数据来源

对集约后的数据，判断其是否超出预测值，如图 3-2 所示。

（2）定量的分析

定量的分析，指的是对于集约后的数值，观测其在相继的各开发阶段的变化情况，根据这种变化，得出重要的品质警告信息。

品质注入阶段与验证阶段"定量的分析"的相同点如下。

① 同一模块各阶段的错误率或故障率。

如果同一模块在设计各阶段或测试各阶段的故障率都超标，这就是该模块品质不良的表现之一。

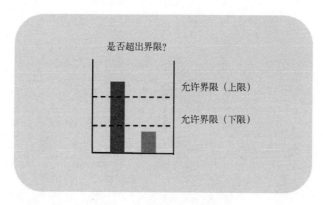

图 3-2　定量化分析的界限

② 规模变化。

如果设计完成后估算的规模或者测试前后代码规模有较大变化，这也是本模块品质不良的表现之一，如图 3-3 所示。

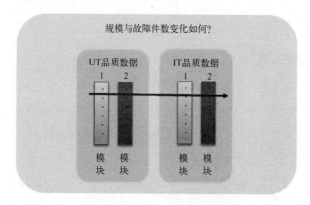

图 3-3　规模变化之定量的分析

品质注入阶段与验证阶段"定量的分析"的不同点如下。

设计阶段不能通过比较同一个模块外部设计书与内部设计书篇幅之间的关系判断品质好坏。也就是说，外部设计书与内部设计书篇幅之间没有太大关系，因为架构设计与外部设计的完善程度决定了内部设计的复杂度。在架构设计良好，外部设计完善的情况下，甚至不需要这层设计。所以，不能说内部设计书比外部设计书篇幅小，品质就不良。而测试阶段都是对同一模块代码进行测试的，代码量具有前后的连续性。这就是两个阶段"定量的分析"的最大不同点。

（3）两者关系

进行定量分析时，首先要进行定量化分析，之后再进行定量的分析，如图 3-4 所示。

NOTE: 　　　　　　　　　　　　定量分析要点

通过定量分析，只是获得了一组数据以及是否超过界限值的警告，更重要的是能够从这些数值中读取到有价值的信息。

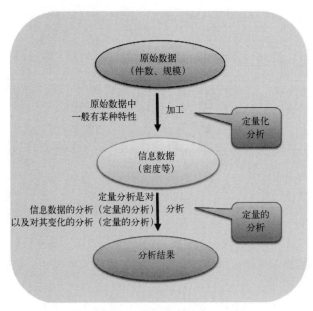

图 3-4　定量分析方法

经典案例五：真正的定量分析

某项目小组负责开发的大规模项目（由某协力公司负责），在 IT2 阶段中发生品质不良。品质管理员受 PM 委托，开展品质分析支持，进行品质分析时出现如下场景：

在某次品质判定会议上，品质管理员对某协力公司 PM 提问："是否进行了定量分析？"PM 回答："进行了定量分析！"如图 3-5 所示。

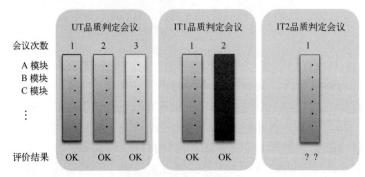

图 3-5　定量化分析结果

随后要求 PM 提交品质判定会议的资料。经过分析，该协力公司 PM 只不过是进行了定量化（数值化）分析而已：只对某阶段的数据进行评价，品质不良也被看成品质良好，所以品质不良一直延续到 IT2 才被发现！正确做法是 PM 做定量化分析后，还需要做定量的分析，否则定量分析就不全面！

案例解析：

案例中的 PM 没有清楚定量化、定量的、定量分析之间的区别，误把定量化分析认为定量分析。

以下 3 种情况就是常见的**评价 OK 的陷阱**。

① 看不出规模的变动。

② 看不出故障件数的推移。

③ 只依赖故障密度进行管理。

将上述数据展开到品质管理表上，如图3-6所示，会发现在某个时点会有如下4种现象之一。

① 有些模块完全没有测试规模。

② 有规模大幅变动的模块。

③ 有些模块的故障件数不但没有收敛，反倒增加了。

④ 有些大幅增加的模块没有进行增加测试。

当发现这4种现象之一时就是需要采取措施的时候。**这就是在向我们发出警报！**

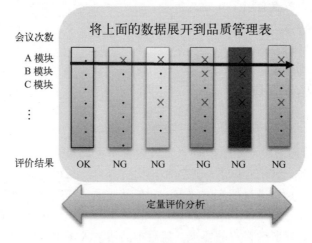

图3-6　定量的分析结果

NOTE:

区分定量化分析与定量的分析

只有很少的程序员能清楚定量化分析与定量的分析的区别，因此一定要引起重视，不要混淆这两个概念。

3.1.2　定量化分析事前准备工作

定量化分析的对象主要有以下几种，在对各个对象进行分析前要进行资材的确认。

（1）错误管理表

① 需要根据哪些项目进行量化分析。

② 要确认其记载的必要项目是否齐全。

③ 不要混淆了评审的"次数"与"轮次"。

（2）测试用例表

明确各工程阶段测试用例数的统计方法。

（3）故障管理表

① 需要根据哪些项目进行量化分析。

② 要确认其记载的必要项目是否齐全。

③ 不要漏掉单元测试分析。

品质注入阶段，就是对设计阶段的成果物进行评审，并把指摘的内容记入错误管理表；品质验证阶段，是把测试中发现的不良情况记入故障管理表。

如果没有错误管理表与故障管理表，就无法进行品质数据的收集。如果记入了错误的信息，品质数据就会失去其真实性，品质的实际情况就很难把握。

3.1.3 品质项目的整理

品质注入时需要使用的重要工具之一就是品质项目检查表，简称"品质检查表"，利用设计品质检查表对设计注入品质。

通用**品质项目抽出观点**有以下 6 处。

① 公司常用品质项目。

② 旧系统固有的品质项目。

③ 类似系统的品质项目。

④ 开发经验者总结的品质项目。

⑤ 故障事例。

⑥ 警示集锦。

本书附录 A1 中给出的设计品质检查表，其内容不可能百分之百地对品质点进行覆盖，那么就要根据实际情况，再结合以上 6 点，整理出适合自己工程的品质项目检查表。对品质项目的整理要重视，并且要进行切实的评审。如果品质项目合理且有效利用，那么可以大大提高设计品质。

设计开始时，要好好斟酌客户的要求，然后把品质注入每个模块中。因此为防止式样的疏漏，需要和客户如同传接球一样，反复确认需求。

在实施时必须对实施结果进行确认，来保证设计人员切实对整理的品质项目进行了充分利用。

3.2 定量分析技巧

3.2.1 品质注入阶段定量分析技巧

品质注入阶段定量分析的基础是收集评审数据。根据评审数据做出有效判断是定量分析的要点。

从实践中总结的**注入阶段定量分析的重要技巧**有以下 6 点。

① 根据错误密度与品质水准进行判断。

② 从错误内容判断。

③ 从未回答件数及修改件数判断。

④ 从评审工数判断（一般工数越多，品质越高）。

⑤ 从每次评审后的文档页数变动来判断（差异越大说明品质越不稳定）。

⑥ 从上游阶段的错误密度变化判断。

通过以上数据分析来确定品质的好坏。品质注入阶段定量分析的基础，就是对评审结果的正确评价。因此，错误管理表要巧用起来，并且要记入正确数据。这样把每次评审、再评审的结果都收集起来，以此数据为基础，按照上述的前 5 点进行分析。第 6 点技术含量较高，如果没有经验就很难看出结果，所以需要我们平时多加练习。

3.2.2 错误密度

（1）错误密度

错误密度是重要的品质要素，也是品质定量分析的方法之一，指错误数除以文档页数再乘 100 得出的数据（保留小数点后一位），其计算方法为：错误数÷页码×100。

注意：本方法适用于文档在 100 页规模以上的评审，太小的规模不适用此方法。

错误密度分为轮次单位的错误密度与文档单位的错误密度，其使用方法如图 3-7 所示。

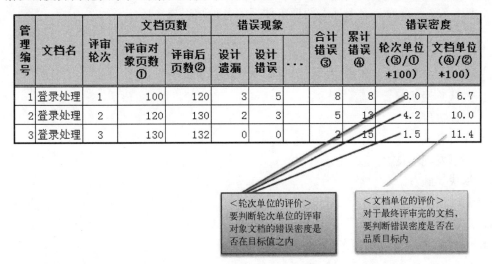

管理编号	文档名	评审轮次	文档页数		错误现象			合计错误③	累计错误④	错误密度	
			评审对象页数①	评审后页数②	设计遗漏	设计错误	...			轮次单位（③/①*100）	文档单位（④/②*100）
1	登录处理	1	100	120	3	5		8	8	8.0	6.7
2	登录处理	2	120	130	2	3		5	13	4.2	10.0
3	登录处理	3	130	132	0	0		2	15	1.5	11.4

＜轮次单位的评价＞
要判断轮次单位的评审对象文档的错误密度是否在目标值之内

＜文档单位的评价＞
对于最终评审完的文档，要判断错误密度是否在品质目标内

图 3-7　错误密度使用方法

（2）密度等级

密度等级，即密度判断等级，是根据错误密度值对各个模块的错误密度进行品质判定结果的划分，如表 3-1 所示。此处的判定等级不仅用于评审密度，也可以用于错误密度、测试密度与故障密度的判断。

表 3-1　密度等级

编　　号	符　　号	含　　义
1	▲	超出上限
2	○	范围内
3	▼	超出下限

3.2.3 错误倾向

错误倾向是进行定量分析的手段之一，在分析时有以下注意事项。

① 客户要求规格的错误倾向。

② 上游阶段的疏漏错误多还是少。

③ 是否侧重于某设计者。

④ 是否侧重于某业务功能。

⑤ 错误现象、错误原因都侧重于哪些。

⑥ 类似错误的多发倾向。

根据以上现状分析，要考虑是否采取以下措施。

① 是否需要培训教育或者调整要员配置。

② 尽早制订好再评审计划并实施。

3.3 评审体系

评审（Review），是品质管理中非常重要的手法，特别是品质注入阶段。因此本节将从多个角度，系统、全面、深入地介绍评审体系的各种知识与技巧。

3.3.1 评审目标

首先，需要明白评审的目标，其内容主要有以下 7 点。

① 确认阶段状况。

② 把握进度状况。

③ 评价品质状况。

④ 尽早发现不良。

⑤ 尽快实施对策。

⑥ 削减返工工数。

⑦ 改善技术标准。

图 3-8 用图解的方法对评审目标进行了剖析。

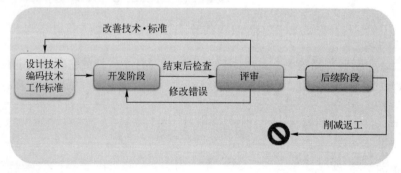

图 3-8 评审目标

3.3.2 评审种类

评审从形式来分主要包含**非正式评审与正式评审**，如表 3-2 所示。非正式评审指的是自己评审，而正式评审包含中间评审、项目内评审、专家评审、客户评审 4 种。为保证品质，4 种正式评审最好全部实施。很多项目因实际情况不同可能只采取其中的一种或几种，但最低限度是保证项目内评审的实施。

表 3-2 评审种类

形式	种 类		评审时机	观 点	备 注
非正式评审	自己评审		自己任务完成时	① 错字、漏字、文章冗长、重复、不统一、不合适的表达、图表等的检查 ② 设计内容的一惯性检查 ③ 实现方法错误的检查 ④ 标准化遵守的检查	自己评审非常重要,是自己专业品质的表现,很多程序员往往漏掉这一步
正式评审	中间评审		① 担当的内容复杂时 ② 担当的任务很多时 ③ 不确定因素很多时	① 小组内一惯性的检查 ② 设计者误解释的检查 ③ 实现方法错误的检查 ④ 标准化遵守的检查	在各个阶段进行中,小组内进行的评审
	综合评审	项目内评审	项目成员任务完成时	① 项目内设计书等一惯性的检查 ② 对象业务间接口的检查 ③ 实现方法错误的检查 ④ 标准化遵守的检查	在各阶段任务完成后进行
		专家评审	项目内评审完成时	① 业务难点 ② 特殊技术需求 ③ 标准化遵守的检查	必要时找项目外专家一起进行评审
		客户评审	专家评审完成时或项目内评审完成时	① 客户要求式样相矛盾、问题点的检证 ② 其他关注事项	让客户提早确认成果物,既可以确认品质是否有遗漏,又可以让客户放心,建立良好的信赖关系

客户评审时,因为在有限时间里对字里行间的解读未必充分,可能会遗漏设计错误,所以在后续阶段工作中,**一旦发现设计错误就要及时与客户沟通**。

根据实践整理出各阶段成果的评审种类,如表 3-3 所示。

表 3-3 评审种类与成果

成 果	自己评审	中间评审	项目内评审	专家评审	客户评审
概要设计书	√①	△②	√	△	√
详细设计书	√	△	√	△	√
代码	√	—	√※③	△	—
单元测试用例	√	—	√※	—	—
结合测试用例	√	—	√※	—	—
系统测试用例	√	—	√※	—	—

① √表示必须进行的评审对象。

② △表示根据实际情况可以适当选择的评审对象。

③ ※表示根据实际情况可以适当省略的评审对象(全员教育良好,工期紧张的情况下)。

3.3.3 评审团队

品质管理要实施品质管理团队(简称"评审团")的评审机制,评审团主要有客户、项目经理、品质管理员、组长及组员(设计者、程序员、测试员等)。其关系如图 3-9 所示。

评审种类与体制的关系如表 3-4 所示。由表可知,组长在评审中占有重要角色。

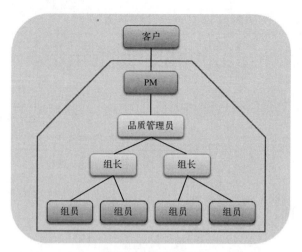

图 3-9 评审团队

表 3-4 评审种类与评审团队

编　号	评审种类	评审团					
		负责人	组　长	品质管理员	相关专家	PM	客　户
1	自己评审	●①/◎②	—	—	—	—	—
2	中间评审	○③	●/◎	—	○	—	—
3	项目内评审	○	◎	●	○	—	—
4	专家评审	△④	○	○	●	●/◎	
5	客户评审	△	○	○	○	●	◎

① ●代表评审责任者。

② ◎代表评审主办者。

③ ○代表评审参加者（必须）。

④ △代表评审参加者（必要时参加）。

　　评审中，各种角色所担任的职责如表 3-5 所示。

表 3-5 评审角色职责

角　色	职 责 范 围
客户（PM 或者品质管理员）	① 对项目的品质进行统筹管理 ② 对项目的成果物进行检查与承认
PM	① 把握客户的品质要求 ② 根据项目品质数据与项目组长的品质报告，把握项目品质状况 ③ 在品质保证上，对相关问题的影响、重要度进行判断并实施对策 ④ 在品质保证上，和客户进行良好沟通
品质管理员	① 品质计划的实施 ② 工程期间，对各个阶段品质状况进行集约与把握 ③ 将把握的状况与分析结果向 PM 汇报
组长	① 组内实施品质管理活动，并给成员发出品质实施指示 ② 对各个阶段的组内品质状况进行集约与把握 ③ 在品质保证上，对相关问题的影响、重要度进行判断并实施对策 ④ 在品质保证上，将把握的状况与分析结果向品质管理员汇报

角　　色	职 责 范 围
组员	① 实施品质管理活动 ② 对品质活动中的问题点、品质状况等进行总结与把握，并汇报给组长 ③ 对不能够解决的问题进行总结，并发给组长，寻求解决方案

 品质管理员

　　品质管理员是否需要专职人员，要视项目大小而定。如果项目小，那么项目经理或者架构师都可以兼任。

3.3.4　评审流程

　　评审的整体流程如图 3-10 所示，评审过程中的 3 个角色是评审责任者、成果完成者与评审者。

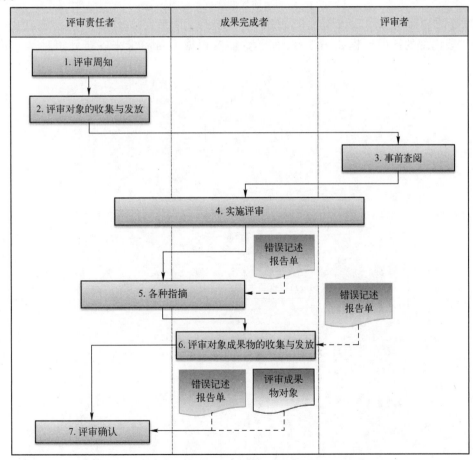

图 3-10　评审整体流程图

评审流程又可以分为阶段间评审与阶段内评审。

（1）阶段间评审

阶段间评审，顾名思义就是两个阶段之间的评审，一个阶段评审完毕后需要开始准备下一个阶段的评审工作，如图 3-11 所示。

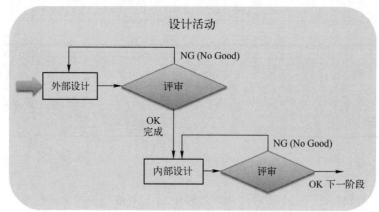

图 3-11　阶段间评审流程图

（2）阶段内评审

各阶段内部的评审流程如图 3-12 所示，需要根据项目需求来安排评审种类，并进行管理。

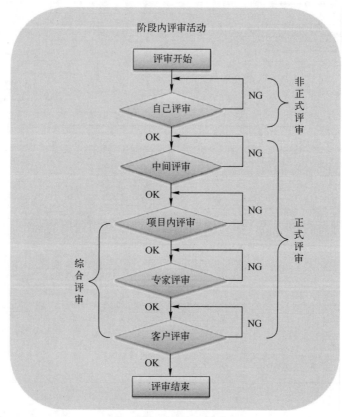

图 3-12　阶段内评审流程图

3.3.5 评审密度

评审密度是重要的品质要素，指的是每轮评审式样书所用的平均评审时间。注意文档单位的评审时间不需要计算在内，因为经过多轮评审之后，时间是积累的，第二轮以文档为单位的评审密度肯定超过第一轮，而且评审密度没有上限，因此计算也没有意义。评审密度使用方法如图 3-13 所示。

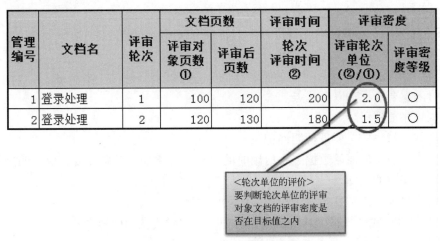

管理编号	文档名	评审轮次	文档页数		评审时间	评审密度	
			评审对象页数①	评审后页数	轮次评审时间②	评审轮次单位(②/①)	评审密度等级
1	登录处理	1	100	120	200	2.0	○
2	登录处理	2	120	130	180	1.5	○

<轮次单位的评价>
要判断轮次单位的评审对象文档的评审密度是否在目标值之内

图 3-13　评审密度使用方法

3.3.6 评审计划

评审计划的制订非常重要，安排合理与否，资料的齐全与否直接影响评审质量。因此需要在实际工作中做好规划。

从实践中总结的**评审计划制订时的重要技巧**有以下 8 点。

① 根据"记述密度"与"评审对象页数"制定评审计划，并把评审编入工作日程。

② 不要因为工期延迟就省略评审。

③ 要根据业务流程安排评审的顺序。

④ 策划先行评审（为统一设计书标准，对设计出的第一本设计书让全体成员或者只有组长参加的评审）。

⑤ 如果没有优秀的评审员，作为辅助手段，可以利用通用的标准、规范的品质检查表等。

⑥ 规定评审资料的处理方法（秘密文件需要回收，不要在评审资料上记述客户实名等）。

⑦ 事先打印并发放评审资料。

⑧ 发送评审通知书（必要时发送给客户）。

 NOTE:　　　　　　　　　先 行 评 审

先行评审，在实际工作中非常重要，是统一思想、提高效率的重要技巧。实施先行评审，可以避免同样的问题重复审核。

3.3.7　评审实施

拦截设计错误的第一道工序就是设计评审，这个工序至关重要，它对整个设计错误的拦截率可达80%左右，所以对后续工作影响很大；第二道拦截工序就是编码，编码时拦截的主要是一些实现方法的设计错误，此工序发现的设计错误比例大概在15%；第三道拦截工序就是测试，此时也可以发现一些设计错误，大概占5%。因此设计阶段的评审工作是必不可少的。

从实践中总结的**评审实施时的重要技巧**有以下6点。

① 评审过程中专心找问题，解决方案的研讨可以另行实施。

② 不要使之成为单纯的说明会。

③ 被评审者要注意记录评审时的各种指摘，并把评审结果写入错误单。

记录时的主要事项有以下几点。

➤ 指摘点不要遗漏。

➤ 问题点与解决状况要进行明确记录。

➤ 作为定量分析的原始数据之一使用时的便利性（例如：标题简要、内容明确等）。

➤ 要防止修改的遗漏。

➤ 要较容易地看出与品质项目检查表的对应关系。

④ 与客户进行式样规格确认时必须留有记录，并对确认的内容进行回馈。

⑤ 对指摘内容的修正及讨论结果需要再进行确认。

⑥ 在评审过程中发现的共性的错误要及时进行周知教育，其流程如图3-14所示。在实

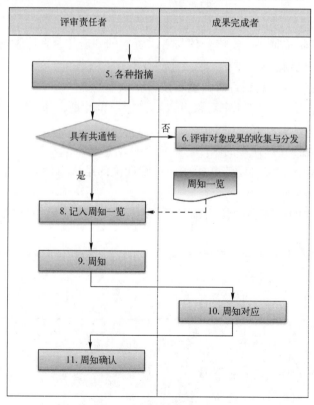

图3-14　评审中的周知

际工作中，因为周知不到位发生的故障非常多，凡是规定的周知事项，一定要做好监督与确认。

3.3.8 评审结果

非正式评审形式的自我评审结果不算作指摘错误件数，因此不需要记入错误记述单；而在正式评审时发现的错误，要算作错误件数（错别字、漏字、格式等非错误指摘，虽然需要登录，但不记入错误件数），而且错误现象要根据其性质来区分重要度大小，如表3-6所示。

表3-6 错误现象与重要度关系

错误现象 ＼ 重要度	大	中	小
设计遗漏	√	√	—
设计错误	√	√	—
内容不明确	—	√	—
违反标准	√	√	√
设计待改善	—	√	√

注意：评审合格的条件之一，就是直到不出现重要度"大"的错误为止，如果达不到，就需要反复评审，直到合格为止。

3.3.9 评审品质

在定性分析中，不仅要确认是否实施了评审，还要对评审自身进行"评审品质"的分析。评审时要保证评审自身的品质，应注意以下事项。

（1）基本事项

基本事项注意点包括以下八点。

① 出席者的人员构成（特别是评审参加者的能力与权威）。

② 对成果物的评审量。

③ 从错误指摘状况看评审轮次的妥当性。

④ 指摘错误的内容倾向性（类似问题多、问题重大）。

⑤ 全面性（利用品质检查表等）。

⑥ 品质评价指标值的满意度。

⑦ 错误原因的处置、反馈情况。

⑧ 评审终结的判断。

好记性不如烂笔头

评审时要及时记录，并在评审结束时再次确认修改点。一定不要凭记忆，否则评审会后往往会有模棱两可的修改点或者遗漏部分内容……此时已经不可能重新评审了，因此将会给自己带来更多的麻烦。

（2）评审时间

一本式样书的评审时间需要多少呢？这取决于设计者的水平及业务难易度。有可能评审时间会远大于设计书的制作时间。如果前期品质做好了，后期品质就不会有太大的问题，那么整体评审时间就会下降，如图 3-15 所示。如果可以如此，那么风险会越来越小，系统就会越来越稳定。如果评审时间上升，那就说明品质还是有问题，就需要加强品质管理。

另外，还要把握好每次评审的时间，一般控制在 2~3 小时。评审时注意事项如下。

① 集中注意力。

② 长时间连续评审会降低工作效率。

③ 适当调节评审氛围，不要成为批斗会。

（3）实施轮次

一本设计书全部评审完，称为**一轮评审**。在实施评审时，如果设计书篇幅较大也许需要多次才能完成，如图 3-16 所示。

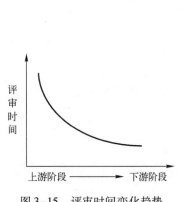

图 3-15　评审时间变化趋势

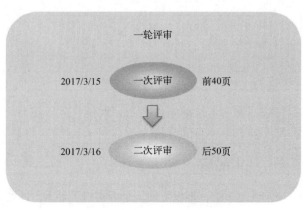

图 3-16　评审次数与评审轮次

实施轮次的判断，原则上需要直到评审对象的错误被全部指摘完为止，具体实施过程中还要考虑进度并结合再评审条件实施。实施时要注意以下事项。

① 设定评审轮次目标（例如：需要两轮评审完毕），并判断目标是否合适。

② 不能只看件数，也要推敲错误内容。

③ 评审轮次太多，要分析原因（设计者自我评审不足、业务内容理解有误等）。

（4）评审流程

在评审流程的安排上，一般是品质管理员根据评审计划，事前做好评审准备。一次评审完毕，需要分析评审结果，然后根据"再评审评判标准"进行判断：如果需要再评审，那么即使整个文档没有评审完毕，剩余部分也不需要继续评审，而应根据刚刚评审过的内容策划下次评审。如果本次评审的是文档的整体部分，那么就需要再看一下文档单位的评审结果是否需要再评审，如图 3-17 所示。

（5）评审形式

根据每次评审对象页数的不同，评审形式分为两种：一种是全文再审核型，另一种是部分再审核型，如图 3-18 所示。

① 全文再审核型。

登录处理的初次评审对象页数是 100 页，评审后的页数是 120 页。第一次评审时发现了一些重大错误，因此文档产量也有 20 页的增加。说明现在的品质还不稳定，需要再次评审。再评审时，评审对象将变成第一次评审后的全部文档，即 120 页。品质稳定前，需要不断地

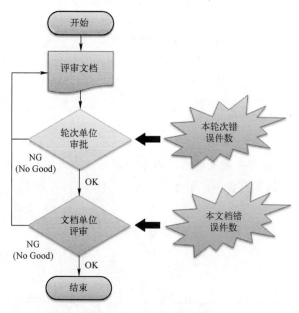

图 3-17 文档评审流程图

编号	文档名	评审轮次	文档页数		错误现象			合计错误③	累计错误④	错误密度	
			评审对象页数①	评审后页数②	功能遗漏	设计错误	…			评审轮次单位(③/①*100)	文档单位(④/②*100)
1	登录处理	1	100	120	5	12		17	17	17.0	14.2
2	登录处理	2	120	130	4	7		11	28	9.2	21.5
3	登录处理	3	130	132	0	5		5	33	3.8	25.0
……											
7	计算金额	1	80	105	4	6		10	10	12.5	9.5
8	计算金额	2	60	110	1	4		5	15	8.3	13.6
9	计算金额	3	40	111	0	1		1	16	2.5	14.4

第二种：部分再审核型   第一种：全文再审核型

图 3-18 评审形式

进行全文再审核。

②部分再审核型。

计算金额的初次评审对象页数是 80 页，评审后页数是 105 页。第一次评审时发现了一些重大错误，增加了 25 页。因此现在的品质还不稳定，需要再次评审。再评审时，评审对象是 60 页，所以第一次评审中有 20 页部分，因为品质良好不需要再次评审，就没有在第二次评审对象范围内。

（6）评审品质数据

评审结果数据反映出评审本身的品质，其相关数据分类如下。

①评审轮次。

判断轮次评审对象文档的错误密度是否在品质目标值范围内。

② 文档单位。

判断对象文档的错误密度是否在品质目标值范围内。

③ 文档产量。

文档产量也就是评审完后文档的页数，设计文档经评审后，总页数是否有较大变化（根据评审时指摘事项对文档进行的修改、增加、删除）。

3.3.10　再评审条件

再评审条件，也就是再评审判断标准。本小节对品质注入阶段的再评审判断条件进行了总结，如图 3-19 所示。如果符合再评审条件，则一定要进行再评审。

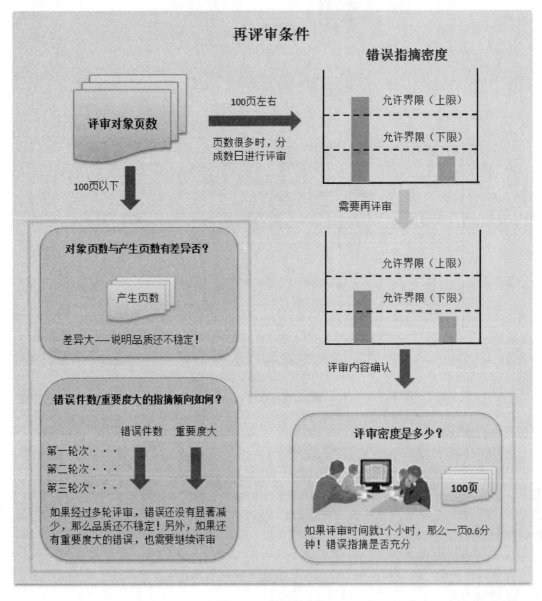

图 3-19　再评审条件

按照计划评审时，要看一下评审对象文档的页数：一天无法评审完的情况下，就分几天实施。这种情况下要注意区分上次评审结果的确认时间与剩余部分的评审时间，以便统计该文档真正的评审时间，也就是评审密度（页/小时）。

不需要再评审的主要条件有以下 3 点。

① 产出页数的偏离极小为止。

② 重大错误呈现收敛倾向为止。

③ 错误指摘件数呈现收敛倾向为止。

3.4 措施与行动

根据分析结果需要分别采取以下行动。

（1）错误密度在品质水准的允许范围外时

此时，原则上需要进行再评审。由评审责任者进行再评审的最终判断，作为判断的材料，需要关注错误现象、原因、重要度。

如果有明确理由能够判断该文档的品质达到了要求，则可以不进行再评审。

（2）错误密度在品质水准的允许范围内时

此时，也不能一概地断定合格。如果存在功能遗漏或设计缺陷等对系统有重大影响的错误时，则应该实施再评审。

小结

本章全面、系统地论述了品质注入阶段定量品质管理的理论与技巧。特别是评审体系内容，在实践中要切实利用好评审相关注意事项。定量分析是进行定性分析的基础，因此区别定量化与定量的分析非常重要，否则就无法进行正确的定量分析。

练习题

1. 品质注入阶段与品质验证阶段"定量的分析"的相同点与不同点有哪些？
2. 定量化分析与定量的分析的关系是什么？
3. 品质项目整理的来源有哪些？
4. 品质注入阶段定量分析技巧是什么？
5. 密度判断等级有哪些？
6. 综合评审包含哪些种类？
7. 评审团队包括哪些角色？

第4章 品质注入之定性品质管理

在阅读本章内容之前，首先思考以下问题：
1. 什么是定性分析？
2. 定性品质分析的数据来源有哪些？

4.1 定性分析

定性品质管理的核心就是定性品质分析，即定性分析，是对品质进行"质"的方面的分析，也就是通过关注对象状态的不连续性质变化而捕捉其品质的变化情况。

例如：在详细设计阶段，贾某负责了模块 A、B、C 的设计，那么贾某设计水平如何，是通过这 3 个不连续模块品质的定性分析得出的。而到了编码阶段，可能 A 模块由周某负责，B 模块由王某负责，对于参与 A 模块从设计到开发的人来说，也是不连续的。那么 A 模块的品质如何，需要根据开发中的诸多因素（问题点解决情况、责任者水平、式样稳定性等）进行定性的分析与评价。从整个系统来说，如果 A 模块发生故障比较多，那么就可以断定特定功能模块品质有问题，也是一种倾向性分析。

在定性分析的过程中，可以适当利用品质管理七工具——"检查表""鱼骨图""帕累托图""层次图""散点图""直方图""控制图"进行分析。

4.2 品质注入阶段定性分析技巧

4.2.1 定性品质分析角度

品质注入阶段定性分析技巧是品质注入与品质验证通用的分析技巧，其主要的数据来源如图 4-1 所示。

定性分析时，需要从多个角度进行分析以判断品质是否有问题。常见的分析角度有 7 个，如表 4-1 所示。如果通过这 **7 个角度**进行品质分析，其品质都没有问题的话，那么此阶段的品质就是合格的。

表4-1 定性分析角度

编　号	分析角度	分析内容
1	品质项目检查表	是否实施了品质项目检查表，品质项目检查表内容是否齐全
2	一致性	是否存在需求与式样或者代码与式样的不一致
3	特定程序	异常处理逻辑是否全面，是否有遗漏
4	特定业务	故障是否集中于具体的某个模块（业务）

编　号	分析角度	分析内容
5	特定人	特定程序员是否能胜任其工作
6	特定阶段	设计问题？编码问题？测试阶段是否有遗漏或者偷工减料
7	重大问题	是否还有重大故障

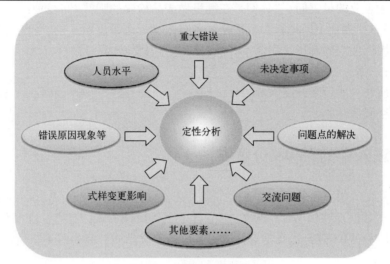

图 4-1　定性分析数据来源

4.2.2　定性品质分析原因

分析出问题之后，其原因大体可以分为以下 3 种。

① 是否由于人为因素。

② 是否由于交流因素。

③ 是否由于规格变更因素。

对于①与②，可以在项目内通过各种品质改善措施实施；对于③，需要和客户进行交涉。如果客户规格不能够进行安定（FIX）的话，那么就会对系统开发进度产生影响，在这种情况下可以与客户协商解决方案，如延长工期、明确规格确定时期、精简开发范围（对不能决定的规格可以推迟到下一期开发）等。

4.3　措施与行动

根据定性评审结果，采取的改善措施主要有以下 3 点。

① 判断项目要员水平，是否需要教育或者调整配置。

② 贯彻文档的标准化。

③ 改善再评审的方法。

经典案例六：品质注入带来的震撼

梅原胜彦从 1970 年到现在始终在做一个小东西——弹簧夹头（自动车床中夹住切削对

象的部件）。梅原胜彦的公司名为"A－one 精密"，位于东京西郊，2003 年在大阪证券交易所上市。上市时包括老板在内仅有 13 个人，但公司每天平均有 500 件订货，拥有着 1.3 万家国外客户，它的超硬弹簧夹头在日本市场上的占有率高达 60%。A－one 精密一直保持着不低于 35% 的毛利润。

梅原胜彦的信条是：不做当不了第一的东西。有一次，一批人来到 A－one 精密公司参观学习，有位大企业的员工问："你们是在哪里做成品检验的呢？"回答是："我们根本没时间做这些。"对方执拗地追问道："不可能，你们肯定是在哪里做了的，希望能让我看看。"最后才发现，因为他们的制造工序非常严谨，根本不需要做成品检验。

案例解析：

这就是品质注入所带来的巨大威力！试问一下，我们能做到吗？做不到，就说明我们还有很大的提升空间。

4.4 品质注入中的 WBS 分解方法

在项目开发中，很重要的一个管理文件就是工作分解结构 WBS（Work Breakdown Structure），品质管理如何反映到 WBS 中呢？本节就是项目最佳实践的参考。在实际项目中，根据项目大小可以对 WBS 进行适当的合并或拆解。各阶段品质目标如图 4-2 所示。

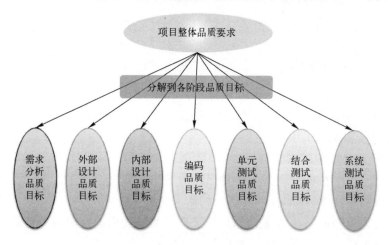

图 4-2　各阶段品质目标

项目最终的目的是交付给客户满意的高品质系统。为了确保最终的品质，就要把这种品质要求体现在项目开发的各阶段，因此各个阶段要设置该阶段的品质目标，作为阶段结束时进行确认的基准，这也是各阶段品质工作的起始点。

4.4.1 设计阶段品质管理的 WBS 分解方法

设计阶段品质管理 WBS 主要分解为 6 个过程，如图 4-3 所示。

（1）设定品质项目值

对于设计阶段的目标来说，项目结束后给客户提供的最重要的成果物之一就是设计书。因此要根据设计难度来确定设计书的错误密度，用戴明 PDCA 圆环品质推进手法来提高式样书品质。如前所述，本阶段是系统开发的前期阶段，因此评审非常重要。

（2）制订评审计划与团队

根据项目进度制订式样书评审计划，组建评审团队。评审团队一般如图 4-4 所示。设计组长一般是评审组长；品质管理员在每个小组评审时至少参与一次，根据品质情况给予相应的意见。必要时，数据库设计者也需要一起参与评审。

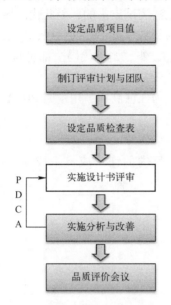

图 4-3　设计阶段品质管理 WBS 分解方法

图 4-4　设计阶段项目内评审团队

（3）设定与实施品质项目检查表

本阶段品质项目检查表参照附录 A1 以整理出适合本工程的品质检查表。

（4）实施评审

根据计划进行式样书评审。注意在正式评审之前，设计者必须做好自我评审，对于不明白的或者不确定的式样，一定要进行确认。

在评审时，对于意见、质问、问题点、改善点等都要进行记录，对其中不明白的要及时确认。另外，如果项目组长发现有共通的问题，则需要记入周知一览进行管理。

（5）实施分析与改善

品质责任者根据评审进度，对错误管理表里登录的错误情况进行定量与定性分析，来确定是否需要进行再评审。

（6）品质判定会议

对本阶段品质管理工作进行总结与汇报：对品质注入阶段作业的推进方法、设计作业结果、结果的改善情况、PDCA 改进圆环实施情况等进行评价与指正。

在实际操作时，要注意以下事项。

① 品质会议一般都由 PM 来主持。

② PM 在品质会议上要汇报本阶段的各种品质数据及改善措施，用于说明本阶段品质有保障，因而可以进入下一阶段。

③ 会议记录一般由品质管理员来负责。

4.4.2 编码阶段品质管理的 WBS 分解方法

编码阶段品质管理 WBS 主要分解为 6 个过程，如图 4-5 所示。

（1）设定品质项目值

项目结束后向客户提供的最重要的成果物之一，就是代码。但是代码是否违反编程规约，逻辑是否清晰，架构是否合理，再怎么测试都是无法测试出来的，因此代码评审在项目开发中占有非常重要的地位。这部分的代码评审，指的是程序员手写的代码，如果是用工具生成的代码（自动化或者半自动化生成的），则在评审之外。如果代码全部是自动化生成，那么代码的评审就可以省略了。

根据项目难易度设定目标值，在本阶段结束之后，为保证品质，用戴明 PDCA 圆环品质推进手法来提高各个模块品质代码，以确保代码的品质。

（2）制订评审计划与团队

根据项目进度制订代码评审计划与评审团队。项目内的评审成员组成一般如图 4-6 所示。

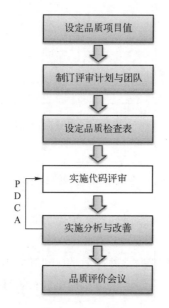

图 4-5　编码阶段品质管理 WBS 分解方法　　　图 4-6　编码阶段项目内评审团队

（3）品质项目检查表的设定与实施

本阶段的品质项目检查表参照附录 A2。在不违反编程规约的情况下，为了提高代码品质，还需要在各自技术领域进行代码的进一步优化。例如：在 Java 领域，以《Java 代码与架构之完美优化——实战经典》为指导原则进行进一步代码优化。

（4）评审的实施与管理

根据计划进行代码评审，代码开发者（程序员）要做好评审记录，并把评审结果记入故障管理表。如果项目组长发现有共通的问题，则需要追记入周知一览。

（5）实施改善

品质责任者，根据评审进度对故障管理表里登录的故障情况进行定量与定性分析评判，来确定是否进行再评审。

（6）品质判定会议

主要工作内容与4.4.1小节中的一样。

小结

本章主要介绍了品质注入阶段定性品质管理的方法与技巧，以及品质注入阶段 WBS 的分解方法。定性分析技巧，在品质注入与品质验证中都是通用的，在实际工作中也是常用的重要技能，因此需要彻底把握。

练习题

1. 定性分析的角度有哪些？
2. 定性分析的原因分为哪几类？
3. 设计阶段品质管理 WBS 分解成哪些阶段？

第5章 品质验证之定量品质管理

在阅读本章内容之前，首先思考以下问题：

1. 品质验证阶段的定量分析法是什么？
2. 工程各阶段规模测定时机是什么时候？
3. 什么是测试密度与故障密度矩阵表分析法？
4. 什么是真正的强化测试？
5. 什么是测试观点？
6. 什么是测试用例？
7. 测试观点与测试用例之间是什么关系？

5.1 测试基本概念

5.1.1 测试种类

测试就是根据测试用例来验证对象要素正确与否的活动。测试的种类可以从以下6个角度来进行划分。

（1）代码运行角度

① 静态测试。

静态测试指的是在系统不运行的情况下，使用静态解析工具及人工代码评审等方式进行的代码检查。

② 动态测试。

动态测试指的是系统运行中，通过系统的行为动作来测试系统各项指标。

（2）测试流程角度

① 单元测试。

单元测试（Unit Testing，UT）是最微小规模的测试，可测试某个代码块（一般指函数与方法）。通常单元测试是由程序员而非测试员来做，因为需要知道内部程序设计和编码的细节。

② 结合测试。

结合测试（Integration Testing，IT）又称"集成测试"，是指系统的各个部件功能的联合测试，以决定它们能否在一起共同工作并没有冲突。

③ 系统测试。

系统测试（System Testing，ST）又称"综合测试"，是基于系统非功能需求，并结合硬件进行的黑盒测试，主要是测试系统的信赖性、安全性、性能、可维护性等。

④ 验收测试。

验收测试（User Acceptance Testing，UAT）是相关用户或独立测试员根据测试计划和结果对系统进行测试和接收，它让系统用户决定是否接收系统，是一项确定产品是否能够满足合同或用户所规定需求的测试。

（3）测试内容角度

① 功能测试。

功能测试指的是对系统规定的功能是否已实现的一种测试，这也是品质验证阶段最主要的任务，其测试的实施贯穿于每个测试流程。

② 性能测试。

性能测试指的是对系统的性能进行测量，检验是否达到必要性能的一种测试。实施期间，可以根据需求在各个测试流程中适当加入。其中，在过负荷情况下对系统功能进行的测试测试称为压力测试。

（4）代码可见性角度

① 白盒测试。

白盒测试也称"结构测试"或"逻辑驱动测试"，它是知道代码内部逻辑，按照其内部结构进行的测试，以检验程序中的每条路径是否都能按预定要求正确工作。常用的路径测试法（C1～C4）就属于白盒测试。

② 黑盒测试。

黑盒测试也称"功能测试"或"数据驱动测试"，它是已知产品所应具有的功能下，通过测试来检测每个功能是否能正常使用。在测试时，把程序看作一个不能打开的黑盒子，在完全不考虑程序内部结构和内部特性的情况下，测试者在程序接口进行测试。它只检查程序功能按照需求规格说明书的规定能正常使用与否，程序能适当地接收输入数据能产生正确的输出信息与否。常用的等价类与边界值分析法都属于黑盒测试。

（5）测试方式角度

① 人工测试。

人工测试是以人为驱动进行故障检出的一种测试方式。

② 自动化测试。

自动化测试是把人为驱动的测试行为转化为工具，让机器来自动执行测试的一种测试方式。

自动化测试有很多好处，其中之一就是可以实施回归测试，能最大化地保证系统品质，因此在项目中应尽可能地使用自动化测试。

（6）品质强化角度

① 回归测试。

回归测试是指在完成修改之后重新进行先前的测试以保证修改的正确性。理论上，软件产生新版本，都需要进行回归测试，验证以前修复的错误是否再次出现新软件版本中。

② 强化测试。

强化测试是指发现品质不良的模块后，以这个模块为中心增加测试，把残存的故障检测出来。

5.1.2　测试期间

一般来说，系统的测试方针在提案阶段就会决定，测试准备期间安排在详细设计阶段，如图 5-1 所示。当各阶段都准备就绪，测试就可以随时开始。

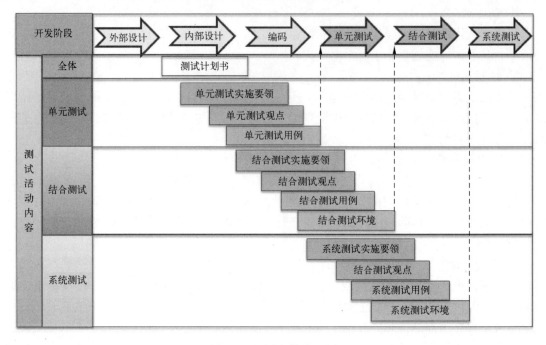

图 5-1　测试整体流程图

5.1.3　测试规模

每个阶段的规模测定以及对象规模的品质评价，都是在本阶段开始之前进行的，如图 5-2 所示。因此，这个数据也是"测试密度"及"故障密度"评价对象的分母，而不是本阶段实施之后的规模数据。另外需要注意，只有在新建开发的情况下，各阶段的测试规模才等于代码规模。如果要对故障进行预测，就必须确定测试开始前的规模。

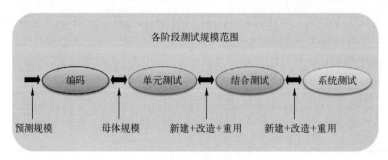

图 5-2　各阶段测试规模范围

故障密度原本的用法是在工程过程中对预测数字进行状况判断，不适合用来评价工程阶段的完成情况，只能当作参考值来分析某个时点的情况。绝对不能从"测试完成规模"算出"密度",如图 5-3 所示。否则,品质不良也会显示为品质良好。另外,作为分母的规模与分子的故障件数,双方都增加的情况下计算出的密度变化不大。

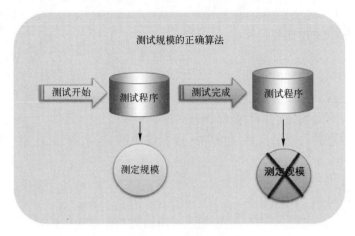

图 5-3　规模测定时期

5.1.4　测试误区

测试误区有以下 5 点。

① 软件上线之后,如果有品质问题就是软件测试员的错。

② 对软件测试员的要求不高。

③ 有时间就多测些,来不及就少测些。

④ 软件测试是测试员的事情,与自己无关。

⑤ 软件测试是后期的事情,与前期无关。

软件测试不等于程序代码测试,软件测试贯穿于软件定义和编码的整个过程。包括需求分析文档、外部设计文档、内部设计文档及程序代码,如图 5-4 所示。

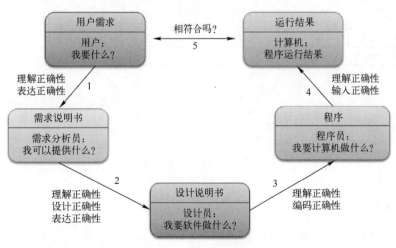

图 5-4　测试关联范围

5.1.5 测试原则

测试原则有以下 6 点。

① 软件测试标准要根据客户需求。

② 软件测试必须遵循"品质第一",当进度与品质发生冲突时,要以品质为先。

③ 事先做好测试品质标准规划。

④ 软件测试的规划与准备在项目启动后就开始,而不是等编码完成才开始。

⑤ 不可能进行穷举测试,但要做好测试的覆盖率。

⑥ 重视并保管好各种测试文档(例如:各阶段测试要领、测试计划、测试用例、测试证据、测试汇报等)。

5.1.6 测试密度

测试密度又称"需求覆盖率",指根据测试用例数与测试规模的比例而得出的测试深度尺度(件/KS),是进行单元测试、结合测试、系统测试以及客户验收运行测试时代码品质评价的要素之一。

根据各个模块的计划值、实测值、消化件数算出"计划测试密度"与"实际测试密度"后,再根据项目规定的目标值进行比较,如果出现异常,那就说明品质有问题,如图 5-5 所示。

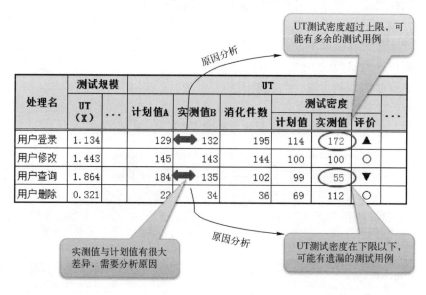

图 5-5　测试密度用法

5.1.7 故障密度

故障密度指的是 1 K 规模代码中的故障件数(件/KS),是单元测试、结合测试、系统测试以及客户验收运行测试时代码品质评价的要素之一。故障密度是用来判断是否需要进行强化测试或者再测试的判断标准,如图 5-6 所示。

处理名	编码规模		UT					
	UT (X)	...	测试密度实测值（件/KS）	...	故障起票件数	故障实际件数	故障密度	
							实测值	评价	...
用户登录	1.134		93		10	9	8	▲	
用户修改	1.443		122		6	4	3	○	
用户查询	1.864		60		19	18	10	▼	
用户删除	0.321		102		3	2	6	○	

测试密度在下限值以下，但故障密度超出了上限。品质有问题！从故障分析结果看，需要采取式样评审或者源代码评审活动

图5-6　故障密度用法

测试一般以天为单位进行，每天测试完毕后，马上进行数据统计与分析。这样做就可以尽早发现品质不良的模块并采取措施，从而最大化地减少返工，如图5-7所示。

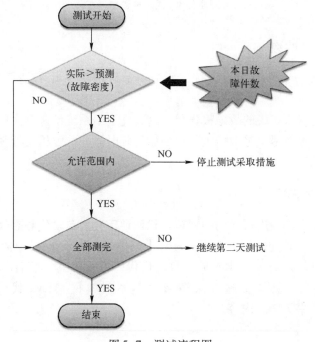

图5-7　测试流程图

5.1.8　代码覆盖率

代码覆盖率指测试时已经执行过的代码与测试对象代码的比例（也即 C0 命令行的执行比例），是单元测试代码品质评价的要素之一。

代码覆盖率的计算一般要使用自行化工具。Java 领域常用的开源工具为 Emma（Eclipse 插件为 EclEmma），而且 Eclipse 插件还提供了图形界面，如图5-8所示。

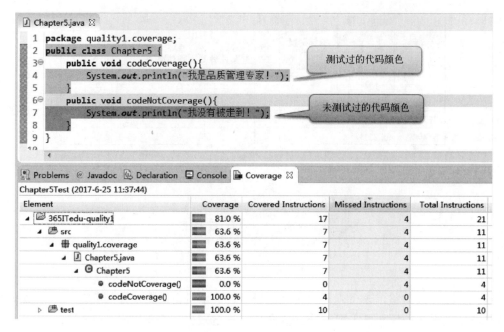

图 5-8　代码覆盖率

5.1.9　故障报告单件数

不要因为故障报告单件数多而担忧，要分析故障原因，并不是每个故障都是实际的故障。

另外，要特别注意未解决的故障报告单，这可能会给系统带来巨大影响，所以要及时处理。如果发生迟延，也要尽早采取措施。尽快做好临时故障的解析与处理，管理好回答期限是项目经理的重要职责之一。

5.1.10　重视代码评审

在进行测试之前，必须进行代码的评审。**代码评审分为自动化静态代码检测与人工代码评审**，如图 5-9 所示。首先使用自动化工具对代码进行初步审查，这样可以节约大量时间，之后再进行人工评审。在 Java 技术领域，自动化代码审查工具一般有 Findbugs、PMD、SonarQube、CheckStyle 等，具体实施方法请参照本系列教材《Java 代码与架构之完美优化——实战经典》一书第 2 章内容。

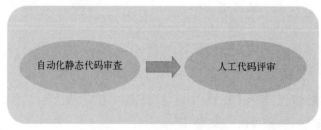

图 5-9　代码评审流程图

代码出现问题，很大程度上是因为没有重视代码评审。代码是否违反编程规约，逻辑是否清晰，架构是否合理以及潜在 Bug 等都需要通过代码评审来发现。**70％～80％的不良代码都可以在代码评审中发现**。如果代码评审良好，那么后续阶段的测试工作等就会大大减少，同时也可做出较高品质的软件产品。

很多读者可能认为 80％是一个很高的数字，IBM 有一篇报道，其实际代码评审时的成绩就是 80％。

实际项目开发中，在没有实施代码评审或者实施力度不够时，可以采取强制措施来强化代码评审工作——项目经理让各组长实施代码评审，不进行评审就不能开始测试。

代码打印评审的重要性

现在，很多公司都提倡无纸办公，但是对于代码评审工作，极力推荐把代码打印出来进行评审，因为通过这种手段发现代码的不良率比在计算机上直接评审要高很多！

5.2 测试观点与测试用例

5.2.1 测试用例编写时常犯错误

测试用例（Test Case）指为某个特殊目标编制的一组测试输入、执行条件以及预期结果，其功能是测试某个程序路径或核实是否满足某个特定需求。

用设计书直接做成测试用例时，因文字的理解会有歧义，不能反映系统间的连续性等因素，做出的测试用例就会不简练，而且会有遗漏。然而实际工作中，很多公司为了快捷采取了这种粗陋的形式，往往会因此漏掉许多测试用例而形成潜在故障，并产生很多后遗症——给后续运营与维护带来很大的麻烦。

产品交付给客户后如果出现故障那就是事故。大部分的事故应该在测试阶段检测出来，之所以没有发现，是因为没有编写相应的测试用例，如图 5-10 所示。

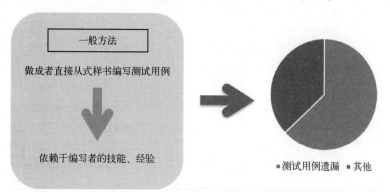

图 5-10　测试用例编写时常犯错误

漏掉的原因主要有两点：

（1）测试用例编写的基准不明确。

（2）测试用例设定方法的手法不确定。

5.2.2　测试用例编写基准：测试观点

测试观点指进行软件正常动作确认的着眼点、思考方法，也就是进行软件测试的切入点。其不仅是软件测试用例编写的基准，也是软件设计评审时的重要参考。因此测试观点的自身品质，直接影响到测试的覆盖率（设想中软件应该满足的品质水准）。反过来说，设想外的软件品质不在测试范围之内。测试用例覆盖率需要尽可能达到100%，如图 5-11 所示。

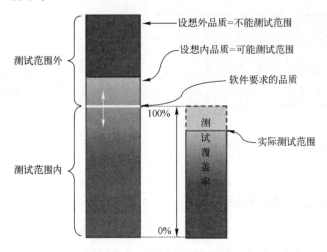

图 5-11　测试用例覆盖率

例如，如图 5-12 的登录页面，编写测试用例时要考虑"测试内容""数据验证"等方面的测试观点。

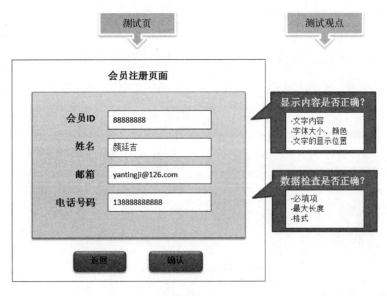

图 5-12　测试观点与测试页面

测试观点要有较高的客观性，这样在编写测试用例时就不会因人员不同而作出不同的结果。Ostrand 的主要测试观点如下：

（1）User – View

应该考虑用户想要做什么？

（2）Spec – View

应该考虑式样会出什么问题？

（3）Fault – View

应该预计会出现哪些缺陷？

（4）Design – View

应该考虑设计或者代码会出哪些问题？

以上四类测试观点的关系如图 5–13 所示。整理实际工程测试观点时，应该据此分类并结合通用测试观点来进行。

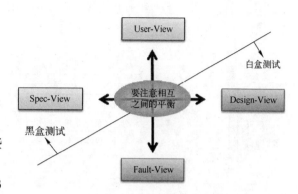

图 5–13　四类测试观点

5.2.3　测试用例编写流程

测试用例编写时，首先要根据本工程特征与通用测试观点（见附录 A3）整理出本工程各个阶段所需要的测试观点，之后再根据本阶段测试范围、测试观点、式样书、场景层次、权限种类等编写相应的测试用例。具体实施步骤如下：

首先，确认测试对象范围，此时要考虑为防止 Degrade 而追加的必要测试。

其次，确认处理的输入值是什么，有哪些输入条件类型。如果输入条件不止一种，可以做一个输入条件表。

然后，看一下内部处理算法（包括计算处理条件、设定条件、功能间处理条件、业务间联动处理条件、错误条件等），根据算法条件做出处理表。必要时，根据结果条件做出结果表。

最后，根据测试观点，结合场景层次以及权限等因素编写测试用例。

通过这种纵横关系，再结合图表分析技巧，就可以做出高品质的测试用例（也即高覆盖率的测试用例），如图 5–14 所示。

另外要注意测试用例与测试观点之间的关系：各阶段不同页面（功能）的测试用例都是根据本阶段整理的同一测试观点做成的，也就是说测试观点是测试用例编写的基准，如图 5–15 所示。

古人云，智者千虑，必有一失。而对复杂测试，即使是技术天才也一定要使用条件检查表（或矩阵表）等技术手段来编写测试用例。比如：输入输出种类检查条件，功能间处理条件，业务间联动条件，场景条件，权限条件等。这样做可以大大降低遗漏，提高测试用例的编写品质。

另外，编写测试用例时亦需要采用因果图、判定表等技术来提高测试用例的全面性，如表 5–1 所示。

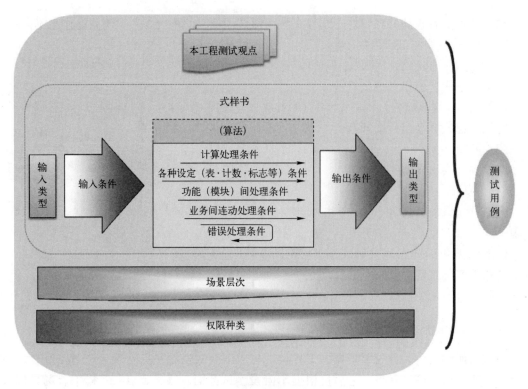

图 5-14 测试用例编写流程图

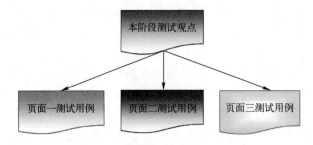

图 5-15 测试观点与测试用例关系

表 5-1 测试用例编写技法

种 类	构 造 模 型	测试技法例
内部式样测试用例	控制模型	测试覆盖率 C0：命令覆盖 C1：分支覆盖 C2：条件覆盖 C3：条件组合覆盖 C4：路径组合覆盖
外部式样测试用例	空间模型	原因 – 结果图
		判定表
	时间模型	状态转移图

5.2.4 内部设计测试用例编写技巧

内部设计测试用例编写技巧，指的是 UT 测试用例编写技巧。为了确保品质需要，UT 测试要以黑盒测试为辅，以路径测试法的白盒测试为主。路径测试法是根据程序内处理流程设计测试用例的一种技巧，如图 5-16 所示。

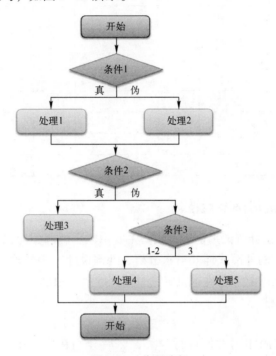

图 5-16　代码路径

根据条件的不同，又分为以下五种：

（1）命令覆盖

命令覆盖，代号「C0」，指的是程序的条件句以外的命令行（代码行）至少要执行一次。

（2）分支覆盖

分支覆盖，代号「C1」，指的是程序的所有分支都至少执行一次。

（3）条件覆盖

条件覆盖，代号「C2」，指的是程序的所有条件都至少执行一次。

（4）条件组合覆盖

条件组合覆盖，代号「C3」，指的是程序内的所有前后分支条件的组合都要执行一次。

（5）路径组合覆盖

路径组合覆盖，代号「C4」，指的是程序内的所有前后分路径的组合都要执行一次。

图 5-16 代码路径对应的各种覆盖方式的最小测试数如表 5-2 所示。

表 5-2　路径测试法编写测试用例

编号	条件1		条件2		条件3			路径测试种类				
	真	伪	真	伪	1	2	3	C0	C1	C2	C3	C4
1	○			○				1	1	1	1	1
2	○			○	○			2	2	2	2	2
3	○			○		○				3	3	
4	○			○			○	3	3	4	4	3
5		○	○							5	5	4
6		○		○	○						6	5
7		○		○		○					7	
8		○		○			○				8	6
合计								3	3	5	8	6

5.2.5　外部设计测试用例编写技巧

本小节介绍的**外部设计测试用例编写技巧**主要由以下两部分构成。

① 从自然语言记述的外部式样（需求分析、外部设计）中整理出所必要的测试条件。

② 根据①中整理出的测试条件中设定测试用例的最小限度。

具体方法有以下 5 种。

（1）等价类

把有限的输入域按照相同的值进行分类，然后分别在同一个类别中找一个值来进行测试。

具体来说，就是列举代码的输入条件，在各自有效的范围（有效同值类别，又称"正常系"）与无效的范围（无效同值类别，又称"异常系"）内分割。

（2）边界值分析法

把有限的输入域按照相同的值进行分类后，在各个同值的区间抽取各自极端值的方法。

（3）因果图法

因果图法是根据程序外部式样的输入条件或环境条件（原因）以及输出或处理（结果）的真假逻辑关系，做成判断表（Decision Table），从而编写测试用例的方法。

（4）状态图法

状态图法是根据程序外部式样的输入条件或环境条件（原因）以及输出或处理（结果）的状态转移图，再结合判断表来编写测试用例的方法。

（5）原因分析法

原因分析法是根据程序外部式样书记述的原因与状态做成二维表（原因分析表）来编写测试项目的方法。

上述 5 种方法中，前两种属于①，后三种属于②。在使用时，要根据情况具体问题具体分析。

经典案例七：边界测试不足铸成大错

NHK 曾经有个节目："这一年中对社会影响重大的系统故障"，其中讲了某公司刚开始使用交通卡时发生的事件。

某日，早班车所有的 JR 与地铁的车站检票口都因为系统故障关闭了。因而采取紧急应对方案，从早上 3 点开始，召集系统开发技术员进行解析。复原工作一直持续到下午 4 点，这期间召集的技术员超过 200 人。经过分析，查明了系统故障的原因：是在一次批处理中，漏掉了在超过最大件数时发出"警告信息"的处理，而且也漏掉了这个测试用例，因此导致系统瘫痪，造成了重大社会问题。

案例解析：

可能发生预料外的事情：对最大值/边界值等错误处理的检查功能要进行彻底的测试！

5.3 强化测试

5.3.1 强化测试注意事项

品质管理者发现品质不良时，往往会认为做一次强化测试就可以解决问题了。但事实上并非如此。那么，什么是真正的强化测试呢？

强化测试，是以品质不良的功能模块为单位，而不是以业务甚至子系统为单位。因为品质分析是以模块为单位的，若以业务甚至子系统为单位，则可能会有数十 K 甚至上百 K 的代码需要测试，这样不仅测试量巨大，而且针对性也不强，不利于品质管理。

在项目开发流程之中，工程进展顺利时不需要进行强化测试。但是，如果在某工程阶段中发现品质不良，为了确保品质，就需要采取强化测试。这在系统开发过程中是常有的事。

在确定了实施强化测试后，就要确认强化测试内容范围是不是根据测试结果制定的，否则强化测试没有实际意义。

确定实施强化测试后，还需进一步确认强化测试的内容是否是根据测试结果制定的。如果不是的话，强化测试便没有实际意义。

进行一次强化测试真的能确保品质吗？不进行分析与评价是不能随便下结论的，更不能着手后续工程阶段的工作。

经典案例八：真正的强化测试

某项目在 IT1 过程中发现异常模块，这时要求对异常模块进行强化测试。项目故障密度要求如表 5-3 所示。

表 5-3 案例品质目标水准值

品质要素 （故障件数/KS）	允许界限 （下限）	目标水准	允许界限（上限）
故障检出密度（UT）	3	6.4	9.7
故障检出密度（IT）	0.75	2.2	3.6

实施前后结果如图 5-17 所示。

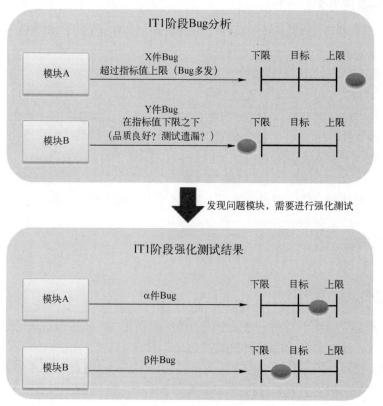

图 5-17　强化测试前后品质要素值

案例解析：

在做强化测试品质分析时，很多品质管理员经常犯图 5-18 所示的思维错误，因此要引起警觉。

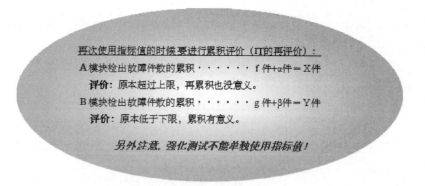

图 5-18　强化测试错误及解析方法

而正确的强化测试定量的与定性的分析方法如图 5-19 所示。

5.3.2　强化测试品质分析与报告

强化测试完成之后，要进行本次强化测试效果的分析与汇报。强化测试的对象是以模块

（1）关注故障件数的收敛倾向　f＞α　g＞β（定量分析）

故障件数随着项目的进展（IT→强化）呈减少倾向。

（2）关注检出故障的数量（允许度）　α件的数目　β件的数目（定性分析）

强化测试是检出若干残存故障的作业，但是如果查出大量的故障则暴露了IT阶段的偷工减料。

（3）关注各个检出故障的内容（定性分析）

各个故障内容中是否存在重大故障。

（4）关注故障改修造成的规模的增减（定量分析）

对IT1以及强化测试的故障进行修改后的规模增减，需要确认是否实施了以下测试：

①UT的追加测试。

②IT的追加测试。

③回归测试。

图 5-19　强化测试正确解析方法

为单位的，这样就比较灵活：既可以针对某一模块中较弱的处理而编写测试用例，又可以多个模块一起综合编写测试用例，因此做汇报时，其形式与开发流程中某阶段的品质分析与汇报的相比就比较灵活。经典案例九给出了一个分析汇报的案例，在实际工作中可以按照此案例的分析方法进行汇报。

经典案例九：强化测试品质分析与报告

1. 项目背景

整体规模：104K

总页面数：96 个

实施页面数：20 个

强化试验次数：3 次

实施期间：2017 年 01 月 16 日 ~2017 年 01 月 20 日，1 周

完成测试用例数：210 个

实施测试用例数：206 个（4 个不可实施）

2. 品质管理表

本案例的品质管理表如表 5 -4 所示，抽取了其中部分主要信息。

表 5-4　品质管理表

管理编号	模块 ID	开发者	规模				强化测试 1	强化测试 2	强化测试 3	强化测试 3 故障遗漏分析		备考
			强化 1 规模		强化 3 规模							
			开始	结束	开始	结束	Bug 件数	Bug 件数	Bug 件数	UT	IT	
P0001	DL0101	周某	0.882	0.982	0.982	1.387	2	0	5	3	2	设定失误、逻辑遗漏、异常处理不足。比起当初规模增加 500steps。类似故障残留的可能性很大，品质还是不稳定，需要用检查表核实代码与式样的整合性，另外还需要再次强化品质

管理编号	模块ID	开发者	规模				强化测试1	强化测试2	强化测试3	强化测试3故障遗漏分析		备考
			强化1规模		强化3规模		Bug件数	Bug件数	Bug件数	UT	IT	
			开始	结束	开始	结束						
P0002	DL0101	王某	0.465	0.469	0.469	0.479	0	0	6	4	2	强化测试1与强化测试2的故障检出率均为0，而强化测试3却检测出6件。由此可见强化测试1与强化测试2都没有做。故障中有计算功能设计遗漏、联动处理中的设计逻辑均有问题，可以推断没有进行C1路径覆盖的测试
P0003	DL0101	王某	1.453	1.553	1.553	1.653	5	1	6	3	3	逻辑遗漏、更新失误、参照失误、设定失误等有各式各样的故障，品质非常差。没有实行C1路径覆盖的测试。残留故障的可能性很大，代码与式样的不一致性存在的可能性很大。有必要进行再次强化测试
P0004	DL0101	周某	0.230	0.236	0.236	0.239	4	0	3	2	1	代码虽然不多，但是从SQL语句不正确、消息式样不正确中可以看出，开发者对业务的理解还不够透彻。因此残留故障的可能性大，需要再进行强化测试

3. 故障处理表

故障处理表如表5-5所示，抽取了其中主要部分信息。

表5-5 故障处理表

故障基本信息		故障解析							
		软件故障							
故障编号	现象	故障混入阶段	应该检出阶段	设计阶段未检出原因	故障本质	故障原因			
						式样书不良	编码不良	其他	
B00001	3：部分功能障碍	3：内部设计	2：单体测试	3：评审指摘遗漏	1E：边界处理错误	1A：记述遗漏	—	—	
B00002	2：数据破坏	4：编码	2：单体测试	—	1D：形式编辑错误	—	2A：式样看漏	—	
B00003	4：形式错误	3：内部设计	2：单体测试	3：评审指摘遗漏	1D：形式编辑错误	1B：记述有误	—	—	
B00004	3：部分功能障碍	2：外部设计	3：综合测试	2：评审未实施	1C：逻辑错误	1B：记述有误	—	—	

故障基本信息		故障解析						
		软件故障						
故障编号	现象	故障混入阶段	应该检出阶段	设计阶段未检出原因	故障本质	故障原因		
						式样书不良	编码不良	其他
B00005	3：部分功能缺陷	4：编码	2：单体测试	–	1C：逻辑错误	–	2B：式样理解不足	
B00006	2：数据破坏	4：编码	2：单体测试	–	1D：形式编辑错误	–	2D：技术错误	–
B00007	4：形式错误	3：内部设计	2：单体测试	3：评审指摘遗漏	1D：形式编辑错误	1C：记述不明确	–	–
B00008	3：部分功能缺陷	4：编码	2：单体测试	–	1A：数据验证错误	–	2B：式样理解不足	
B00009	1：系统瘫痪	4：编码	2：单体测试	–	1F：文件更新错误	–	2C：式样讨论不足	–
B00010	3：部分功能缺陷	4：编码	1：代码评审	–	1G：其他	–	–	3B：单纯失误

案例解析：

做出完美的品质分析报告是 PM 必备的重要技能。分析时应该考虑哪些点？应该怎样进行分析？如果没有实践过，也许就会感觉无从下手。

本案例要求的品质分析综合能力很强。如何从杂乱的数据中找出关联性，找出关键问题，分析出对策，是对每一位品质管理员与 PM 极大的考验。

附录 B6 给出本案例强化测试后的分析汇报实施案例，可以作为实战参考模板，应用于今后的项目品质分析实践中。

5.4 定量分析技巧

5.4.1 品质验证阶段定量分析技巧

1. 品质验证阶段定量化分析

品质验证阶段定量化分析即测试阶段定量分析，其基础是测试结果的正确评价。定量分析对象的数据来源有以下两种。

（1）测试用例表

① 根据各阶段测试用例表评审结果的指摘事项及修改实施情况来收集数据。

② 根据错误内容进行判断（重要度“大”的错误件数、错误原因各分类件数、错误现

象各分类件数）。

③ 根据未回答件数及未修改件数进行判断。

④ 根据评审工数进行判断。

（2）测试实施结果

① 根据各测试的实施、测试消化状况来收集数据。

② 根据各测试的故障检出数与修改实施状况来收集数据。

③ 根据测试密度及故障密度的品质水准进行判断（规模、测试密度、故障密度）。

④ 根据未消化测试用例数、未回答故障报告单件数、未修改故障件数进行判断。

⑤ 横向看工程时，从上游阶段的关系进行判断，这是定量分析最重要的判断之一，如表5-6所示。要从前阶段的某个对象状态的连续数值的变化着手，数据的变化能够得到什么警示？

表5-6　横向数据分析

定量化数据 〳 流程		阶 段 内	各阶段之间
测试项目	件数	○①※②	×③
测试项目	密度	○※	×
故障	件数	×△④	○
故障	密度	×	×
代码规模		○	○

① ○代表观察推移。
② ※代表对阶段内的规模增加时所增加的测试用例进行推移分析，其结果应该为：
● 计划值≤实际完成值≤实际消化值。
● 完成时测试密度≤消化时测试密度。
③ ×代表不需要观察推移。
④ △代表对阶段内的强化测试时的故障件数进行推移分析，其结果应该为：
强化测试故障数≤阶段故障数。

2. 品质验证阶段定量的分析

测试阶段定量的分析重点是分析定量化的品质数据在各阶段的变化情况，因此又称**"推移分析"**。进行定量的分析，必须使用品质管理表对品质原始数据进行横向观察。

原始数据的特性有以下两点。

（1）故障件数的推移

随着工程阶段作业的进展，故障件数呈减少趋势，称作"收敛趋势"。

（2）规模的推移

随着工程阶段作业的进展，规模的增减幅变小，称作"设计品质良好"。

5.4.2　矩阵分析技巧

矩阵分析技巧，是品质分析的重要手法之一，一般用在品质验证阶段，具体内容就是根据测试密度与故障密度之间的关系来判断品质的技术手法，如表5-7所示，其分析结果需记录在品质管理表里。

表 5-7　测试密度与故障密度矩阵表分析

测试密度＼故障密度	下　限　值		目　标　值		上　限　值	
下限值	测试不够	🚫 d	① 是否追加测试 ② 人：能力水平如何 　物：特效如何	⚠ e	人：能力水平如何 物：特效如何	⚠
目标值	追加测试	❗ d	对结果进行定性判断	✔	对结果进行定性判断	✔
上限值	停止测试，对故障进行分析，根据结果进行源代码或者设计评审	🚫 a	追加测试	❗ c	越测故障越多	🚫 b

下限值，故障密度超过下限，应该从定性方面进行彻底分析。

上限值，故障密度超过上限，不惜中断测试对产品本身进行检查。

测试密度与故障密度矩阵分析等级，简称**"矩阵分析等级"**，是根据测试密度与故障密度之间的关系做出的品质判断结果的划分，如表 5-8 所示。

表 5-8　矩阵分析等级

等级代号	图　标	矩阵分析结果	含　义
①	✔	合格	品质合格
②	⚠	轻微警告	品质也许有问题
③	❗	警告	品质有问题
④	🚫	停止	品质有明显问题

另外，测试用例数与故障数之间的关系如下。

a. 测试用例数少，故障发现数也少。

b. 测试用例数多，故障发现数也多。

c. 测试用例数妥当，故障发现数多。

d. 测试用例数显著少，故障发现数在范围内。

e. 测试用例数妥当，故障发现数少。

注意：开发规模在数百行的小程序，不适用本矩阵分析技巧；另外亦可以在设计阶段根据评审密度与错误密度的关系灵活运用此矩阵分析技巧。

小结

本章系统论述了品质验证阶段定量品质管理的技巧与理论。要了解品质注入阶段与品质验证阶段定量分析的相同点与不同点。代码评审在提高品质中占有重要地位，因此在实践中要重视并彻底实施。本章还重点介绍了各阶段测试用例编写技巧。测试用例的覆盖率高低全面与否，直接影响最终软件品质，所以掌握各种编写技巧是避免遗漏的最佳手段。另外，还要彻底明白什么是真正的强化测试，并在项目中灵活运用。

练习题

1. 等价类与边界值分析法属于黑盒测试还是白盒测试？
2. 单元测试的母体规模在什么时候测试？
3. 测试误区有哪些？
4. 测试原则有哪些？
5. 代码评审检出的故障比例可以占多少？
6. 代码评审分几个阶段？
7. 矩阵分析等级有哪些？
8. 某 A 项目，新建代码 210KS，部分改造代码 20KS，重用代码 30KS，系统测试时测试用例数是 9 750 件，那么其实际测试密度是多少？
9. 某个项目，在 IT 阶段记录了两万个故障单，那么是多还是少？
10. 某个项目，在 IT 阶段有 100 个未回答的故障单，那么是多还是少？
11. 如图 5–20 所示，按照 C0、C1、C2、C3、C4 的路径测试方式，各需要多少测试用例？

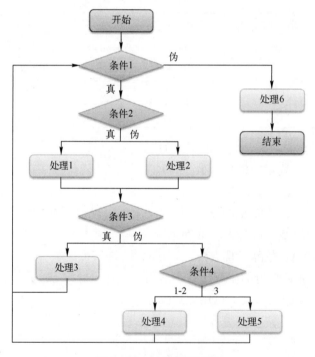

图 5–20　计算测试用例

12. 测试一个求平方根的方法，按照等价类与边界值方法，分别需要多少测试用例？
13. 写一份强化测试分析报告。

第6章　品质验证之定性品质管理

在阅读本章内容之前，首先思考以下问题：

1. 常见的故障发生倾向分析手法有哪些？
2. 品质验证阶段的定性分析技巧有哪些？

6.1　故障发生倾向分析手法

故障发生倾向分析手法主要有以下3点。

① 上游阶段的故障疏漏是多还是少？

② 设计错误是多还是少？

③ 编码故障是多还是少？

以上情况是否是由于偷工减料造成的？应该尽早找出原因。对于①的状况，需要进一步从"错误产生阶段""设计阶段中没能检出的原因""应该检出的阶段"等方面进行分析。对于②、③需要从"处理功能""故障现象""故障原因"等方面进行分析。

经验告诉我们，问题项目出现故障的最大特征是与错误处理有关。进一步分析，在内部设计阶段，错误处理占据了一大半，如图6-1所示。

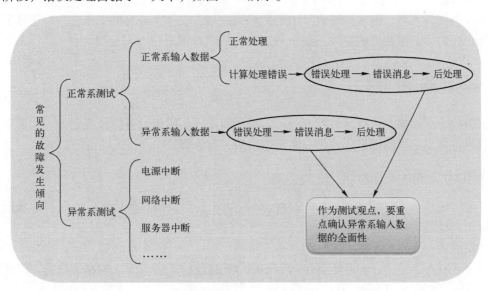

图6-1　测试用例编写要点

为什么会是这样呢？

首先从测试实施方法的整理上来分析：

测试大体上分为"正常系测试"与"异常系测试"。异常系测试的实施一般在 IT 的后半期执行。

另外，正常系测试中的"异常系输入数据"，一般是和"正常系输入数据"的测试结合在一起实施的，这也是正常系的测试范围。因此**不要混淆"异常系测试"与"异常系输入数据测试"**，这种混淆会带来什么后果呢？后果就是异常系的测试基本会被忽略。

> **NOTE:** 　　　　　　　　　　　**重视错误处理**
>
> 　　设计书中关于错误处理的业务逻辑，一定要重视并要进行彻底评审，这是提高品质非常重要的手段。

经典案例十：莫忽视错误处理

某项目的审查工作（PMO 的职责之一）进入设计审查阶段时，让 PM 准备部分详细设计书进行抽查。

审查即将结束时，在设计书中找到"错误处理"相关部分，询问 PM "这些错误处理如何反映到程序中？"

PM 因为没有意识到这些，一时不知所措。之后 PM 经过分析，接着说"如果按照这个设计书来编码，对业务处理会有遗漏，一定会造成很多故障！"于是立刻指示项目组成员对所有详细设计书的错误处理进行检查与修改——这极大地降低了项目风险，提高了项目品质。

案例解析：

本案例告诉人们，彻底检查设计书的"错误处理"是 PM 必要的工作之一！这里是故障多发地，在此用心就能大幅提高品质——这也正是"好钢用在刀刃上"！

6.2 故障收缩判断

根据故障收缩状况进行品质判断分析，是品质管理员应该具备的技能之一。如果思路不对，就很难得出正确的结果。这里以案例的形式进行分析。

经典案例十一：故障收缩判断

某项目模块 A，在 UT 阶段测出 5 件故障，在 IT 阶段发现 6 件故障，如图 6-2 所示，那么可以断定说品质越来越差了么？

案例解析：

不能武断地下结论——品质合格与否不能单凭自己的感觉，要以数据为依据，因此需要进一步分析，如图 6-3 所示。

虽然从第三阶段的定量分析中（5 > 3）得知故障是收缩的，但还需要判断疏漏件数的允许程度：对人为错误有多大容忍度（如果超过一定值，需要考虑对测试员进行培训或者更换测试员）。

在对第四阶段的疏漏故障内容进行定性判断时，发现本模块有重大故障疏漏，因此属于问题模块，需要从设计开始进行再评审。

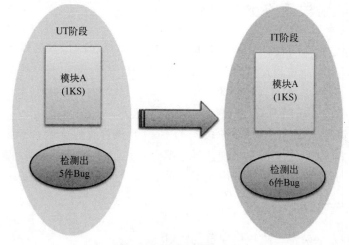

图 6-2 案例故障检出值

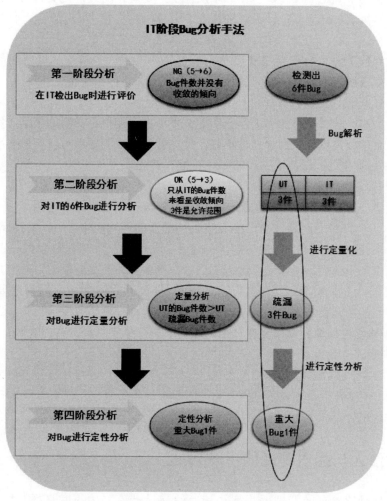

图 6-3 定量与定性分析流程图

6.3　品质验证阶段定性分析技巧

品质验证阶段定性分析技巧（分析角度与原因）与注入阶段基本一致。但是要额外考虑检出故障出现倾向中的"上游疏漏"。如果现在是 IT 阶段的初期且故障多发，则需要看一下"故障混入阶段"及"应该检出阶段"。

① 如果"故障混入阶段"在设计阶段，那么需要尽早采取措施。

② 如果"应该检出阶段"在 UT 阶段与 IT 阶段的疏漏故障比较多，那么对"测试阶段未检出原因"应进行进一步分析。出现这种情况，往往是"测试用例编写疏漏或测试疏漏"造成的偷工减料，这种情况就需要进行返工。

经典案例十二：如何吸收式样变更

软件项目的开发一般都实施规格变更的应对。

某项目在合同中规定：在开发中，如果发生了一定规模的式样变更，需要另行付费。因需求逐渐明确发生了式样变更，针对这种情况 PM 当时采取了以下措施：吸收式样变更并收取费用，向正在进行的 IT 测试中加入式样变更内容。

这种措施导致了现在的 IT 无法正常进行，如果不考虑改进措施，就会在品质担保与进度方面浪费很多资源。如果你是当时的 PM，应该采取怎样的措施呢？

案例解析：

项目无论大小，随着项目的需求逐渐明朗，发生式样变更是常有的事情。因此做好式样变更管理在项目中极为重要。如果处理不好，往往就会变成问题项目。所以要引起重视，特别是 IT 阶段以后发生的式样变更，一定要进行彻底管理。

（1）改进措施

以下改进措施是**式样变更吸收的最佳实践**，一定要在项目中灵活运用。

① 需要区分生产中的产品（测试中程序）的品质确保与规格变更部分的品质确保。

② 需要判断目前的式样变更是小规模的还是大规模的。如果是简单的业务逻辑式样变更，那么目前生产中的产品可以继续进行测试，以确保当前产品的品质。测完之后，再考虑式样吸收时期（一般在本阶段结束之后）；对于大规模的式样变更，因为需要更换部分程序，所以最恰当的措施就是先跳过该功能的测试，等式样变更吸收完成后再一起测试。

③ 对于规格变更的部分，需要在单独的环境中进行单元测试、结合测试，以确保品质。

④ 适时判断式样变更与当前程序合并的时机。

（2）PM 不应该做的事情

案例中的 PM 没有明确各阶段式样变更的吸收点，不能轻易对没有保障的产品及不安定的规格变更进行统合。

6.4　品质注入与品质验证的手法对比

品质注入与品质验证的管理手法都是相通的（设计、测试的思路都一样），如图 6-4 所示。

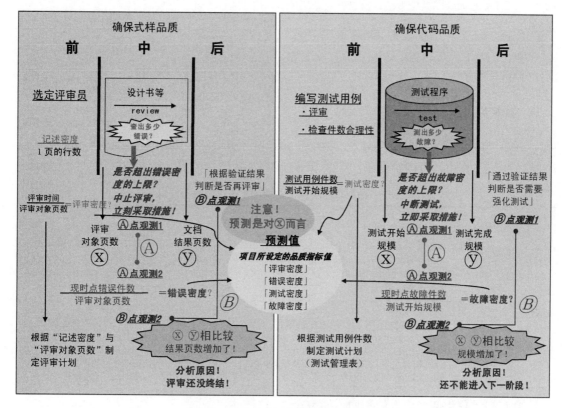

图6-4　品质注入与品质验证手法对比

表6-1 列举了品质注入与品质验证的手法的相同点。

表6-1　品质注入与品质验证手法相同点

种　类	相　同　点
品质管理的思路	定量与定性分析
实施评审与实施测试	评审前/测试前
	评审中/测试中
	评审后/测试后
实施品质管理时	前段的准备工作（确保品质的活动）
	中段的主体工作（评审中/测试中的实施分析与评价）
	后段的判定工作（实施结果的判定）

虽然手法是一致的，但是具体工作内容还是有所区别，其不同点在前、中、后阶段分别如下。

① 前段工作中两者内容的不同如表6-2所示。

表6-2　品质注入与品质验证前段工作内容不同点

种　类	不　同　点	
	品质注入	品质验证
条件	评审必须有评审员参加	测试必须有测试用例

种 类	不 同 点	
	品 质 注 入	品 质 验 证
评审前检查	文档规模：需要知道评审对象文档的评审对象页数以及文档密度（以安排评审计划）	程序的规模：需要进行判断是否编写了与其规模相应的测试用例；用实际完成评审的测试用例件数和测试开始时的测定规模计算出测试密度，之后与品质指标值作比较，验证其妥当性

② 中段工作中两者内容的不同如表 6-3 所示。

表 6-3 品质注入与品质验证中段工作内容不同点

分 类	不 同 点	
	品 质 注 入	品 质 验 证
件数是否超标	用现时点的错误指摘件数和评审对象页数计算出错误密度，将其与品质指标值（错误密度）作比较	用现时点的故障检出数和测试开始时的测定规模计算出故障密度，将其与品质指标值（故障密度）作比较
页数是否超标	① 用现时点的评审完成页数（或未评审页数）并参照进度状况看是否超过预测。如果已经超出预测值，需要中止评审，尽早采取措施。 ② 需要采取的措施：分析错误指摘内容，考虑是否需要重新设计	① 用现时点的测试用例消化件数（或未消化件数）并参照进度状况，看是否超过预测。如果已经超出预测值，需要中止测试，尽早采取措施。 ② 需要采取的措施：分析故障内容，考虑是否要重新确认设计规格或进行代码评审

③ 后段工作中两者内容的不同，如表 6-4 所示。

表 6-4 品质注入与品质验证后段工作内容不同点

分 类	不 同 点	
	品 质 注 入	品 质 验 证
规模有变更	评审对象页数经过"增加、修改、删除"后，如果生产页数发生大幅增加，则很可能发生重大错误的指摘，需要分析原因，对是否残存类似错误进行调查，并在评审时重点确认	发生大幅规模增减：必须验证增减的规模部分，是否增减了必要的测试用例，并实施了测试；说明设计规格是否发生过重大错误。必须分析原因，验证是否存在类似错误

6.5 验证阶段品质管理的 WBS 分解方法

各验证阶段品质管理 WBS 主要分解为 7 个过程，如图 6-5 所示。

（1）设定品质要素值

品质验证阶段是品质保证的重要手段，根据项目难易度设定目标值，用戴明 PDCA 圆环品质推进手法来逐步提高软件品质。

（2）评审计划与团队

根据项目进度制订代码评审计划与评审团队。项目内的评审一般需要如图 6-6 所示的成员。

（3）品质项目检查表的设定与实施

各阶段品质项目检查表参照附录 A3。

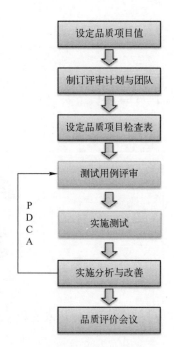

图 6-5　验证阶段品质管理 WBS 分解方法

图 6-6　验证阶段项目内评审团队

（4）测试用例的评审

根据计划进行测试用例的评审，测试员要做好评审记录。如果项目组长发现有共通的问题，需要记入周知一览。

（5）测试的实施与管理

根据计划进行测试，对发现的故障要记入故障管理表。

（6）实施改善

品质责任者根据进度对故障管理表里登录的故障情况进行定量与定性分析和评判，来确定是否需要进行再评审。另外，如果项目组长发现有共通的问题，需要记入周知一览并进行管理。

（7）品质判定会议

主要工作内容与 4.4.1 小节中的一样。

小结

本章主要介绍了品质验证阶段定性品质管理的方法与技巧，以及品质验证阶段 WBS 分解方法。另外，要区分品质注入与品质验证阶段定性品质分析手法的相同点与不同点。

练习题

1. 品质注入阶段与品质验证阶段的定性品质管理手法相比有哪些相同点与不同点？
2. 验证阶段品质管理 WBS 分解成哪些阶段？

第7章 完美文档品质

在阅读本章内容之前，首先思考以下问题：

1. 文档标准化的原则有哪些？
2. 成果物管理原则是什么？
3. 文档的命名原则是什么？

7.1 文档化的重要性

软件文档也称为软件文件，是一种重要的软件工程技术资料，如技术文档、设计文档、操作规范等，如图7-1所示。

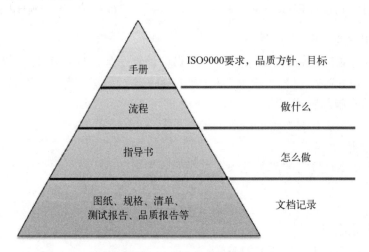

图7-1 系统文档结构

文档在项目开发中的作用主要如下。

① 产品规格设计的可视化。

② 项目管理的依据。

③ 技术交流的语言。

④ 提高评审的品质与效率。

⑤ 培训与维护的资料。

⑥ 项目品质的保证。

软件文档的本质作用是连接软件开发方、管理人员、客户及计算机的桥梁和纽带，使它们构成一个相互影响、相互作用的整体。各阶段软件文档是前阶段工作成果的体现，也是后阶段工作的依据。软件管理人员可通过这些软件文档了解软件开发计划、进度、资源使用和成果等。

软件产品有自身的品质特性要求，作为其重要组成部分的文档，同样也有其自身品质特性，如图7-2所示。

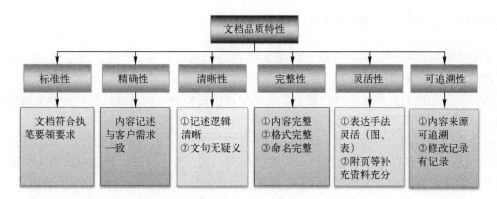

图7-2　文档品质特性

根据图7-2所示的文档品质特性，在完成文档设计后进行自我评审时要注意以下几点。

① 格式是否正确（排版、空格、编号、各种线）。

② 打印格式下的各种画线是否完整，有无文字显示不清，文字是否超出打印范围。

③ 用词是否统一（术语是否一致）。

④ 有无重复设计。

⑤ 有无多余设计。

⑥ 前后逻辑顺序是否矛盾。

⑦ 必要文档信息是否齐全。

⑧ 内容是否清晰易懂（不要有歧义，说明要详细）。

7.1.1　文档化原则一：模板标准化

模板标准化就是要求项目各阶段的成果物要以其阶段的标准文档为模板。大型项目的开发需要很多公司一起合作，如果各自为政，使用的文档模板不一致，那么成果物类型就会不一致，那么就无法管理。因此模板统一是进行文档化的前提条件与重要原则。

7.1.2　文档化原则二：记述简明化

记述简明化就是不但格式要统一，而且内容也要统一，用简单明了的语言进行描述。简明不代表遗漏和凌乱，主线要明确，各种辅助说明材料的位置要有序，式样书看起来清晰明了、爽心悦目。

7.1.3　文档化原则三：内容图表化

内容图表化就是内容要尽可能地用多种表达手法来体现式样的需求。状态图、用例图、流程图、决策表、矩阵表等都是常用的需求表达手法。

文档化最有效的方式就是多角度地使用"设计记述图表法"。如果只有冗长的文字记述，不管是设计者还是其他人员读起来都会很困难，而且也会失去其式样的一致性。高品质的式样应该很容易读懂，也很容易进行保存与维护。因此，多角度地灵活使用表与图就非常重要。

经典案例十三：式样书图表化带来的奇迹

在某大规模项目中，某开发组（由某大协力公司负责）在 IT2 阶段发生品质不良，品质管理员应 PM 的要求对项目进行品质分析支持。

当时，这个协力公司是项目内数十个公司中评价最低的。但是通过执行分析支持的改善措施后，提交的产品却获得了最高的评价，为什么？

品质管理员最初分析时吃了一惊——几乎九成以上是与错误处理相关的故障。随即指示此 PM 对设计书的错误处理进行检查，发现设计书上几乎没有记载，程序中也没有，而且设计书几乎都是以文章形式写成的。

因此，品质管理员对这个协力公司提出了以下改善措施要求。

① 将设计书的记述图表化（特别要重视错误处理）。

② 认真评审，找出设计的遗漏与错误。

正是采取这一系列改善措施，特别是设计的图表化，对改善品质起到很大作用。

案例解析：

"设计记述图表法"是设计书表达的图表化技术，在设计阶段格外重要。这是很多程序员的弱点！因此，每个程序员必须加强图表训练。要知道，巧用图表远比用文字叙述快速得多，而且与其他项目组成员进行交流时也非常方便，一定要巧用！

 NOTE: 　　　　　　　　　　**图表更简便**

很多读者可能以为画图表比较麻烦，其实不然，画图表远比文字描述要快速、方便！

7.2　重要文档成果物

7.2.1　软件开发整体工作

软件整体开发以各阶段为横轴，在每个阶段以 WBS 工作任务（Task）为纵轴，来划分开发任务。在每个任务节点里，都有相应的品质项目检查表、输入与输出（成果物），其关系如图 7-3 所示。

大型系统的开发不但周期长，而且必要的 WBS 工作也很烦琐。图 7-4 给出了一般软件开发过程中的主要工作。

其中，**架构分为应用架构在平台架构**，应用架构在本系列教程范围内，平台架构不在本系列教程范围内。

另外，结合测试（IT）根据需求又可以分为以下几种。

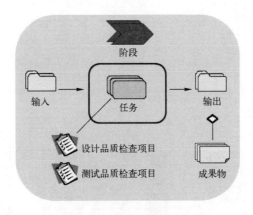

图 7-3　阶段任务关系

（1）功能内测试（IT1）

功能内测试指把各个处理结合起来的测试，其中还包含疏通测试（主要流程的贯通）。例如：页面数据检索功能。

（2）功能间测试（IT2）

功能间测试指把各个功能结合起来的测试。例如：同一业务内数据的增、删、查、改等一系列功能测试。

（3）业务间测试（IT3）

业务间测试指结合各业务功能，根据业务场景（Scenario）设定测试脚本以进行业务联合的测试。例如：管理员权限用户登录，上传一条财务数据，经过结算日时调用结算批处理，把批处理结果数据再传递给会计子系统。

7.2.2　文档成果物产出流程图

几乎每个软件开发 WBS 任务都会有相应的成果物，而软件成果物的表现形式就是文档。图 7-5 给出了在开发流程中主要的文档成果物种类。

需求定义阶段也就是项目立案阶段，又叫"项目启动阶段"。如果有现存系统，需要进行现行系统的各种调查分析；如果没有，那么就可以直接进行现行系统的业务与技术分析。之后要对分析完的需求做一个简单的模型，也就是概念验证，最后的成果物也就是项目立案书。

需求分析阶段主要包括业务的功能与非功能、业务流程、页面报表定义、数据库概念模型 ER 图设计及系统架构定义。

外部设计阶段主要包含 3 个部分：业务功能、数据库物理设计 ER 图及架构的概要设计。如果外部设计和系统架构设计详尽且完善，那么业务式样的内部设计几乎可以省略。

后期测试时，结合测试需要与应用架构一起进行测试，系统测试需要结合平台进行测试。

另外还有用户验收测试，其不在本书介绍范围之内。

文档成果物按照文档产生和使用范围分为**开发文档与管理文档**两类。

软件开发中所需的文档种类如表 7-1 所示。**标准版**适用于中大型系统的开发，其他类型系统的开发可以适当采用**基本版**甚至 **mini 版**。采取何种版本，应根据项目需求而定。

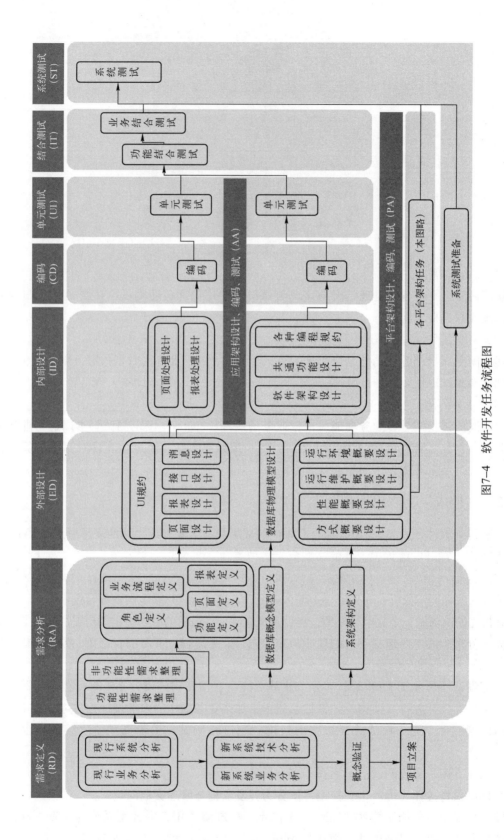

图7-4 软件开发任务流程图

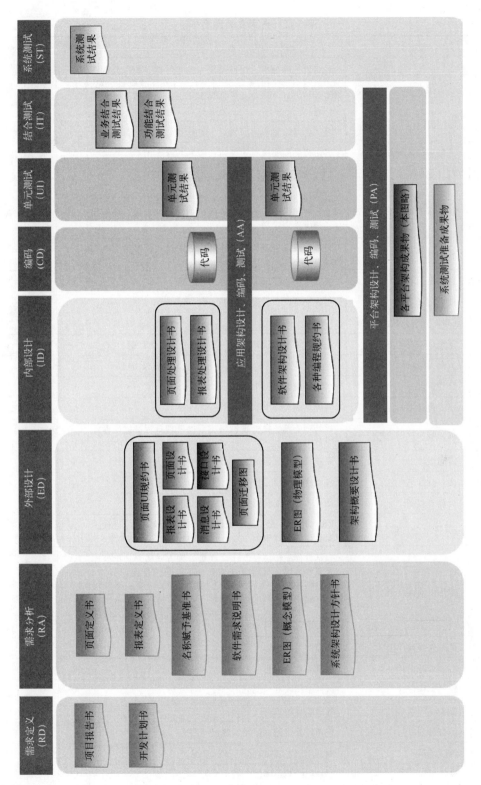

图7-5 软件开发主要成果物流程图

105

表 7-1　技术文档种类

编号	分类	文件名称	备考	标准	基本	mini
1	需求定义阶段	项目报告书	包括可行性分析、现行系统业务与数据分析以及课题一览（存在现行旧系统的情况）、内外环境概要一览、系统改革方针、新业务整体鸟瞰图、新业务概要流程图等内容	√	√	√
2		开发计划书	项目各阶段里程碑、风险、实施优先度等内容	√	√	
3	需求分析阶段	品质管理实施要领	各阶段品质实施要领（可参照本书附录 B1）	√	√	√
4		设计书执笔要领	设计阶段执笔要领（可参照本书附录 B2）	√	√	√
5		软件需求说明书	软件规格概要说明，包括业务概要流程图、非功能需求一览、角色定义、功能定义（如果有批处理，还需要有各种批处理定义）	√	√	√
6		名称赋予基准书	与本系统业务相关的各种名称赋予规则（可参照本书附录 B3）	√	√	
7		页面定义书	页面一览、各主要页面定义书	√	√	√
8		报表定义书	报表一览、各报表定义书	√	√	√
9		ER 图（概念模型）	ER 概念图	√	√	√
10		系统架构设计方针书	包括软件架构设计方针，平台架构设计方针等	√	√	√
11	外部设计阶段	页面 UI 规约书	基本设计页面 UI 规约书（可参照本书附录 B4）	√	√	
12		页面设计书	各页面概要设计书	√	√	
13		报表设计书	报表概要设计书	√	√	
14		批处理设计书	批处理一览、批处理网络图、批处理日程、批处理业务设计书	√	√	
15		消息设计书	系统消息定义设计书	√	√	
16		接口设计书	各系统间接口设计书	√	√	
17		页面转移图	所有业务页面转移图	√	√	√
18		ER 图（物理模型）	ER 物理图、表一览、表设计书（带英文名称）、视图一览、视图设计书等	√	√	√
19		架构概要设计书	包括软件架构概要设计（联机处理方式概要、批处理方式概要、报表处理方式概要、系统间结合处理概要）与平台架构概要设计（安全方式、网络概要、硬件设备、存储方式、系统运营管理方式、监控方式、备份方式、日志处理方式、发布方式、平台控制、运营支持工具、标准化文档列表）等	√	√	
20	内部设计阶段	页面处理设计书	各页面处理内容	√	√	
21		报表处理设计书	各报表处理内容	√	√	
22		软件架构设计书	软件架构、共通部分内容设计书	√	√	
23		各种编程规约书	各种编程规约书	√	√	
24	测试阶段	测试计划	包括各阶段测试要领、测试计划	√	√	
25		测试结果	测试用例、测试数据、测试证据	√	√	√
26	项目完成	操作手册	客户用的系统操作手册	√		
27		项目开发总结报告	项目最终开发总结，包括开发规模、期间、团队、品质、利润率、难点、反省点等	√	√	

注：数据移植（旧系统数据移植到新系统）与平台架构，虽然所包含的内容也很多，但不在本书介绍范围内。

管理文档种类如表7-2所示，同样分为标准版、基本版及mini版。

表7-2 管理文档种类

编 号	管理书种类	标 准	基 本	mini
1	业务场景	√	√	√
2	项目定义书	√	√	√
3	项目状况书	√	√	√
4	品质计划书	√	√	
5	最佳实践参考	√	√	
6	范围定义书	√	√	
7	客户验收要求书	√	√	
8	月次状况书	√	√	
9	会议结果	√	√	
10	项目完成报告书	√	√	
11	课题表	√	√	
12	项目进度表	√	√	
13	风险登记表	√		
14	变更要求	√		
15	团队计划	√		
16	沟通计划	√		

7.2.3 概要设计书制作技巧

业务概要设计书是软件开发中最重要的文档之一，其是否可以冻结（确定完成）是项目风险的重要判断依据，也是可否外包的重要判断标准，因此其品质好坏直接决定整个项目的成败，所以本小节特地把概要设计书应该记述的内容以及各种注意事项与技巧以范例的形式进行说明。

本范例概要设计书使用的工具是Excel。各Sheet名称依次为"封面""页面效果图""项目定义""单项目验证""相关项目验证""事件处理""项目状态""补足（执行）"与"补足"。各页面属性设置分别如下：列宽度为"2"，高度为"16"，字体为"宋体"，大小为"11"，视图形式为"页面预览"。

各Sheet内容要遵循不重复、不遗漏、简明扼要的原则进行叙述，在《页面UI设计规约》或在业务共通设计里进行统一设计与说明的部分，不需要在每个单独设计书里进行分别说明。因为同一个页面内容在增加、修改、删除时式样模板都一样，因此其各页内容安排如下。

（1）封面

封面主要记述文档内容的修改记录，内容的修改必须可追溯（可以是变更管理编号或者故障编号），切忌随意修改设计内容，如图7-6所示。

（2）页面效果图

页面效果图主要根据《页面UI设计规约》描述页面元素外观效果，如图7-7所示。其中页面元素一行最多排列3列，页面元素横纵都要对齐、统一。

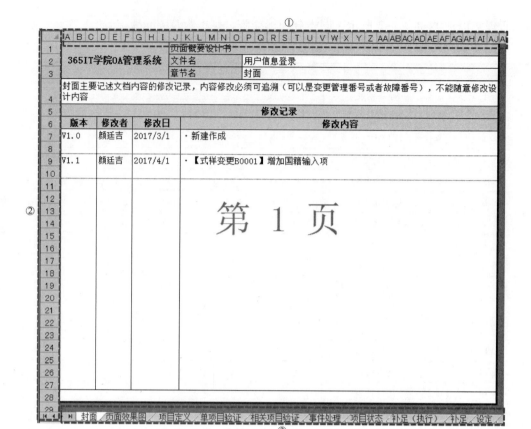

图 7-6　封面

图 7-7　页面效果图

（3）项目定义

项目定义用于描述页面项目元素的详细信息，如图7-8所示。

365IT学院OA管理系统	页面概要设计书	
	文件名	用户信息登录
	章节名	项目定义

项目定义主要描述页面各项目元素的详细信息

页面项目定义

No	项目名	属性	类型	长度	必填	默认值	格式	备考
基本信息								
1	账号	Label						
2	账号	TextBox	半角英数	20	○			
3	姓名	Label						
4	姓名	TextBox	任意	0-20	○			
5	生日	Label						
6	生日	TextBox	半角数字	8				
7	国籍	Label						
8	国籍	PullDown				中国		
资产信息								
9	流动现金	Label						
10	流动现金	TextBox	正数	8				
动作								
11	确认	Button						
12	返回	Button						
13	执行	Button						

图7-8 项目定义

（4）单项目验证

单项目验证是对每个输入项目的类型、长度、必填项进行验证的功能，如图7-9所示。因为单项目验证内容比较单一固定，因此一般可以使用代码自动化工具来自动生成代码。因此，这部分设计的格式需要兼顾代码自动化工具的输入格式要求，不能随便删除与增减列的数量（验证项目的行可以随意增减）。

365IT学院OA管理系统	页面概要设计书	
	文件名	用户信息登录
	章节名	单项目验证

单项目验证是对每个输入项目的类型、长度、是否是必填项而进行验证的功能。其依据为页面"项目定义"内容。
如果使用自动化工具生成代码，那么内容说明与错误消息ID、错误参数都不需要填写

单项目验证式样

No	验证项目	类型	长度	必填	内容说明	错误消息ID	错误消息参数	确认	执行
1	账号	○	○	○				○	○
2	姓名		○	○				○	○
3	流动现金	○	○					○	○

备注：修改模式时，账号不需要验证，其他项目验证与新建时一样。

图7-9 单项目验证

（5）相关项目验证

相关项目验证指的是输入项目之间业务逻辑关系的验证，如图7-10所示。这部分内容由于业务类型各式各样而没有一定规律可循，因此一般无法使用工具进行代码的自动化生成。需要强调的是，如果涉及数据库操作，其相应的SQL语要记述在备注里。

365IT学院OA管理系统	页面概要设计书	
	文件名	用户信息登录
	章节名	相关项目验证

相关项目验证指的是项目之间业务逻辑验证。

相关项目验证式样

No	验证项目	内容说明	错误消息ID	错误消息参数	确认	执行
1	账号	用户表存在检查。 参照：备注（1）「账号重复检查」	EL0002	0：账号	○	○
2	生日	检查生日的正确性。	EL0005	0：生日	○	○
3	修改模式	姓名、生日、国籍、流动现金项目，如果修改前后的值没有任何一个有变化时。	EC0005		○	○

备注

· 修改模式时，「No1账号」不需要验证，其他项目验证与新建时一样。
· （1）账号重复检查

查询条件				
表名	项目名	条件	项目名	备注
用户	账号	=	页面.账号	

查询结果		
表名	项目名	备注
用户	件数	

图7-10　相关项目验证

（6）事件处理

事件处理是对页面按钮等所做的业务处理的详细描述（在共通式样里叙述的"返回""主页"与"退出"除外），如图7-11所示。事件名称顺序按照初期显示及页面事件元素的排序进行记述。为防止页面数据在确认页面被更改，数据的验证在单击"执行"按钮时需再执行一次。

（7）项目状态

项目状态指的是在不同业务需求下页面项目隐藏与活性状况的描述，如图7-12所示。

（8）补足（执行）

补足（执行）是指"事件处理"等Sheet里面，需要进行增加详细补充说明时的补足信息（是补足的一种），如图7-13所示。

（9）补足

补足是对本业务处理、业务规则或者流程等内容的补充，其格式比较自由，如图7-14所示。如果需要可以单独一页，如"补足（执行）"页。

	页面概要设计书
	文件名	用户信息登录
	章节名	事件处理

事件处理是对页面按钮等所做的业务处理的详细描述（"返回""主页"与"退出"除外）。

页面事件式样

No	事件名称		处理内容
1	初期显示	1	取得前页面传递过来的参数

参数	设定值		备注
	新建模式	修改/删除/取消模式	
账号	－	参数.账号	

2 设定页面项目初期值

页面项目	设定值		备注
	新建模式	修改/删除/取消模式	
账号	－	用户.账号	
姓名	－	用户.姓名	
生日	－	用户.生日	
国籍	中国	用户.国籍	
流动现金	－	资产.流动现金	

结合方法	结合条件（修改/删除/取消模式）					备注
	左表		条件	左表		
	表名	项目名		表名	项目名	
内联	用户表	账号	＝	资产表	账号	

取得条件（修改/删除/取消模式）				备注
表名	项目名	条件	项目名	
用户	账号	＝	参数.账号	

2	"确认"按下单击	1	验证输入数据
			（1）进行单项目验证。
			验证出错的时候处理终止，把错误消息显示到页面。
			（2）进行相关目验证。
			验证出错的时候处理终止，把错误消息显示到页面。
		2	编辑页面项目
			（1）页面项目编辑格式参照编程规约。
			（2）设定页面项目状态
			※参照「项目状态」
3	"执行"按下单击	1	验证输入数据
			（1）进行单项目验证。
			验证出错的时候处理终止，把错误消息显示到页面。
			（2）进行相关目验证。
			验证出错的时候处理终止，把错误消息显示到页面。
		2	新建、修改、删除、取消时数据库操作处理
			※参照「补足（执行）」
		3	转移结果页面

消息ID	参数
IC0001	0："账号"、1："新建作成"/"修改"/"取消"/"删除"

图 7-11　事件处理

<table>
<tr><td rowspan="5" colspan="2" align="center">365IT学院OA管理系统</td><td colspan="3">页面概要设计书</td></tr>
</table>

365IT学院OA管理系统	页面概要设计书	
	文件名	用户信息登录
	章节名	项目状态

项目状态指的是对不同业务需求下页面项目隐藏与活性状况的描述。

页面项目状态值

No.	页面项目	页面模式									
		新建				修改				参照/删除/取消	
		初期显示		确认后		初期显示		确认后		初期显示	
		显示	活性	显示	活性	显示	活性	显示	活性	显示	活性
1	账号	○	○	○	×	○	×	○	×	○	×
2	姓名	○	○	○	×	○	○	○	×	○	×
3	生日	○	○	○	×	○	○	○	×	○	×
4	国籍	○	○	○	×	○	○	○	×	○	×
5	流动现金	○	○	○	×	○	○	○	×	○	×
6	确认	○	○	×	×	○	○	×	×	×	×
7	返回	×	×	○	○	×	×	○	○	○	○
8	执行	×	×	○	○	×	×	○	○	○	○

图 7-12　项目状态

365IT学院OA管理系统	页面概要设计书	
	文件名	用户信息登录
	章节名	补足（执行）

执行操作时数据库数据设定值信息。

表			新建	修改	删除/取消
			INSERT	UPDATA	DELETE
No.	表名	项目名	值	值	值
1	用户表	账号	页面项目.账号	页面项目.账号	页面项目.账号
2	用户表	姓名	页面项目.姓名	页面项目.姓名	—
3	用户表	生日	页面项目.生日	页面项目.生日	—
4	用户表	国籍	页面项目.国籍	页面项目.国籍	—
5	用户表	流动现金	页面项目.流动现金	页面项目.流动现金	—

图 7-13　补足（执行）

365IT学院OA管理系统	页面概要设计书	
	文件名	用户信息登录
	章节名	补足

补足

业务流程图、业务规则等

图 7-14　补足

（10）设定

设定的内容主要是"项目定义"中页面属性描述项选项卡的一览信息，如表7-3所示。

表7-3　设定

属　　性	类　　型	必　　填
Button	任意	○
CheckBox	半角英文	
Label	半角数字	
Option	半角英数	
PullDown	正数	
TextArea	正整数	
TextBox	日期	
Link	E－Mail	
LinkButton		
File		
Calendar		

7.2.4　成果物管理原则：一元化管理

这里的成果物的含义是广义的成果物，既包括提交给客户的成果物（设计书与代码），又包括测试验证阶段的各种测试用例、测试证据，还包括各种管理文档等。成果物如果管理不好，造成丢失、版本混乱、位置混乱等，会对项目开发造成非常严重的后果。

一元化原则是对成果物进行统一系统管理的重要原则。软件开发的形式多种多样，包括单独开发、联合开发、外包开发等，所以采用一元化管理很有必要，这里的一元化指的是谁是成果物的完成者，就由谁来管理与维护，如图7-15所示，这样就不会乱。例如：如果需求分析书是客户制作的，那么在开发时就必须使用客户的最新文档。如果发现式样有问题且需要修改时，自己公司不能随便更改，但可以把修改后的参考版本给客户发过去，让客户再发正式版本。同样的，如果编码工作承包给别的公司，若代码出现问题，自己也不能随便修改。

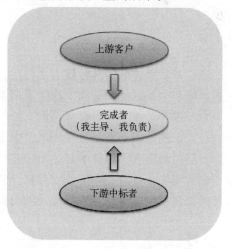

图7-15　成果物一元化管理

7.3　设计书执笔要领

设计书执笔要领编写的目的，一方面可以提高文档自身的品质，更重要的是可以提高评审的品质与效率。设计书的表达手法（如图、表等形式）统一的目的是让设计的文档不会因人而异，形成均质的设计书，进而就可以减少表达手法和内容的指摘。其具体内容参照本书附录B2。另外，配合各阶段的标准设计书模板，就可设计出较高品质的设计书文档。

以下注意事项是**执笔要领摘录的核心要点**。

① 确定必要的文档种类与文档体系。

② 使用正确的标准（要领）——表现的一贯性、用词与表达的统一性等来确保设计书品质的均一。

③ 规定文档化的流程。

④ 制定易写、易懂、易用的格式。

⑤ 必要时使用自动化工具产生文档。

⑥ 指定文档管理责任人。

⑦ 做好文档的更改管理。

经典案例十四：执笔基准要领带来的惊喜

曾有某项目的 PM 咨询某品质管理员："设计品质总是上不去，有什么好办法吗？"

品质管理员回答："建立设计书执笔基准要领，并要求全员认真执行！"

从那之后，项目的设计品质有了质的飞跃。

案例解析：

标准化文档是进行软件设计的基础，如果没有此"地基"，"高楼大厦"永远都不会稳定。

统一设计格式的目的

通过统一设计格式以提高设计书评审的品质和效率——这是最重要的目的！

小结

项目开发过程中的各种技术文档及管理文档都非常重要。而实践中往往是项目开发完，只有代码和少许的技术文档，这给后期维护及系统改善留下了很大的隐患。

很多程序员技术能力很强，但文档写作与汇报却显得力不从心。造成这种现象的原因很多，最重要的一点就是与教育环境及做事习惯有很大关系。笔者多年工作及实地观察的结果告诉我们，很多人不但技术好，而且文档的写作能力、表达能力更佳——这都源于他们的习惯：每天写工作日志，分析各种变化，收集工作汇报时所需的各种素材。而这些都是国内程序员的短板，但也正是修炼与提高的重点之一。

练习题

1. 概要设计书和详细设计书之间的区别是什么？
2. 需求分析阶段主要的任务有哪些？
3. 外部设计阶段主要的成果物有哪些？
4. 做一份用户信息查询的概要设计书。
5. 模拟写一份《设计书执笔要领》。

第8章 完美架构品质

在阅读本章内容之前，首先思考以下问题：
1. 软件架构的品质特性有哪些？
2. 系统的整体架构层次一般分为几层？
3. 架构品质的八大核心要素有哪些？

8.1 架构的品质特性

软件本身有自身的品质特性，架构本身也具有自身的特性，图8-1介绍了软件架构自身应该具有的七大特性。

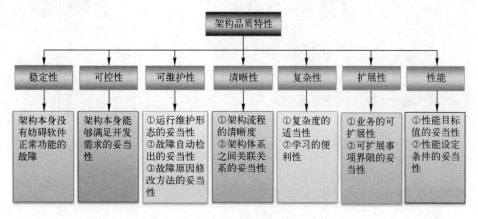

图8-1 架构品质特性

8.2 系统整体架构划分

在前面的章节中曾经介绍过，**软件系统要当作一个生命体来看待**。生命体由很多部分与系统构成。软件系统也一样，从整体层次关系角度可分为业务层、软件架构层、平台环境层；从系统开发管理的角度可分为业务组、软件架构组、平台架构组；从系统架构的角度可分为日志架构体系、安全架构体系、权限架构体系、消息架构体系、异常架构体系、验证架构体系、数据字典架构体系、阻塞架构体系等八大体系。

（1）系统整体层次划分

业务层，主要就是系统提供的功能模块；软件架构层，包含应用程序的公共部分、各种所需的中间件；平台环境层，包括各种系统平台控制功能、运营维护时的各种工具与环境。图8-2所示为系统整体层次。

（2）三大开发组

业务组主要负责业务功能的分析、设计与实现；软件架构组主要负责系统软件的整体架构设计与实现，以及软件共通部分的设计与实现；平台架构主要负责系统各种测试环境、运行环境搭建，系统硬件架构等方面的工作。小型系统的开发就不需要这么多组，但"麻雀虽小，五脏俱全"，只不过几个核心人员兼任了多个角色而已。软件开发组构成如图8-3所示。

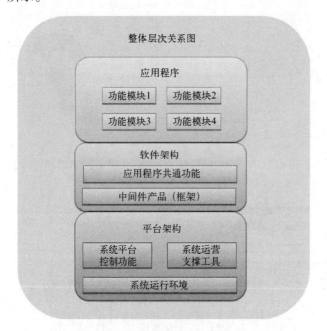

图8-2　系统整体层次

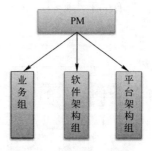

图8-3　软件开发组构成

8.3　架构品质的八大核心要素

8.3.1　日志架构

日志架构是系统行为日志输出与管理的架构设计。这个架构是体系架构必不可少的内容之一，如果设计得不好，后期系统维护、故障调查分析、商业信息分析等都将无从下手。特别是一些系统潜在或者比较诡异的故障，如果没有日志，程序员面对这种故障真是欲哭无泪。而且，有些日志都不能重现，这时后悔莫及也为时已晚了。因此每一个架构师在进行系统架构时，根据项目需求必须考虑表8-1所列举的设计要点。

表8-1　日志架构品质要素

编　号	品质要点	说　明
1	设置地点	在系统的哪些地方设置日志（方法调用前、异常处理）
2	实现方式	是否可以自动注入日志（用AOP面向切面的技术形式注入日志）
3	输出时机	应该在什么时候出日志，是行为前，还是行为后（一般行为前后都需要）

编　号	品质要点	说　明
4	输出内容	对于一条日志应该输出哪些必要信息（包括必要的客户信息，程序信息等）
5	输出格式	日志信息应该以怎样的格式进行输出（为了方便大数据分析，格式必须统一有序；对于一条日志信息，一般来说固定长度的在前面，不定长度的在后面）
6	集成环境	使用哪种开源插件最合适（在 Java 领域常用的是 Log4j）
7	日志等级	应该设置什么等级的日志，一般来说常用的有错误（Error），警告（Warning），信息（Info）三种
8	文件管理	输出文件如何进行管理（一般以日为单位形成文件；文件超过 10M，进行自动分割）
9	保存期间	日志以怎样的形式进行归档（一般以月为单位对生成的日志文件进行整理，按照年份保存最近 5 年日志）
10	文件种类	需要确定哪些日志输出到哪些日志文件里，同时还要考虑日志文件的命名规则（可按照 Session、Error、Security 分别输出）

　　只有考虑到了这些有价值的信息，才能进行系统日志的有效设计。在得到有价值的日志数据后，就可进行智能分析与系统监控等工作。图 8-4 所示为常用日志架构设计图。

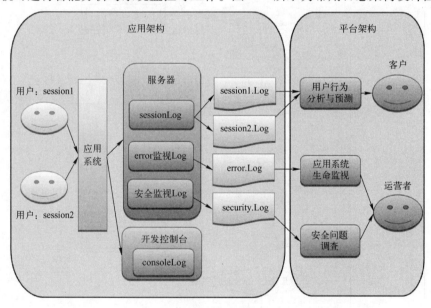

图 8-4　日志架构

8.3.2　安全架构

　　安全架构是系统访问的安全架构设计。现在系统安全已成为很多软件开发的课题。构建安全的系统架构有哪些措施呢？

　　（1）控制访问者 IP

　　这里又分为范围排他型与个别特定限制型。范围排他型指的是限制一定区域的 IP 访问，比如日本地区的来访客户不准访问。个别特定限制型，指的是只允许特定 IP 地址的客户来访问网站信息。在大型企业与政府部门广泛应用，如政府有几个办事处，只允许这几个办事处的 IP 地址的客户访问重要信息。

（2）控制访问系统资源

系统内部资源允许何种等级权限的客户访问都需要提前设计好。一般分为通用验证与个别业务验证。通用验证包括"扩展名禁止验证""认证验证""权限验证"与" 阻塞验证"。例如：在 Java 技术领域，通用验证一般用 Filter 技术来实现。图 8-5 所示为用户登录验证处理流程图，其中前半部是执行通用验证，之后为用户登录所特有的其他安全验证处理。

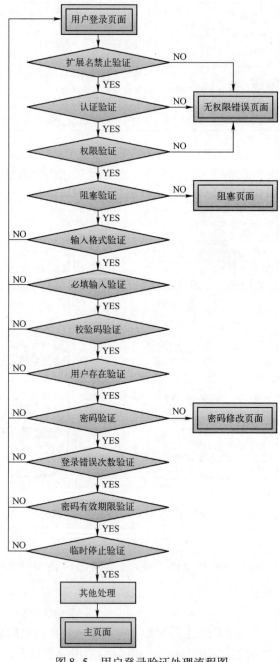

图 8-5　用户登录验证处理流程图

8.3.3 权限架构

权限架构是赋予系统用户权限管理的架构设计，其涉及的内容很多。根据系统业务需求，权限管理系统的设计可简单也可复杂。但无论简单与否，所设计系统的权限架构应该考虑以下方面。

（1）权限范围

也就是要考虑哪些部分需要进行权限控制，通常主要是功能与资源。功能根据权限粒度粗细，一般有菜单级别（菜单又可以分为一级、二级等级别）与按钮级别。

资源的控制，一般以访问 URL 的扩展名来进行控制。如禁止访问以 .jsp、.js 等为扩展名的资源。

（2）权限最佳赋予方式

角色设计，是进行权限管理的通用解决方案。先设计好角色，然后赋予角色访问的功能权限，再把角色授予客户。客户登录时，到数据库读取其所属的角色，之后再读取角色对应的权限，最后动态分配菜单及所能访问的按钮。这样就可以巧妙解决系统权限设计。

（3）权限控制方式

权限的控制方式有静态控制与动态控制。静态控制，就是设定好客户权限后就固定不变。登录系统后，根据提前设定好的权限内容来访问资源。动态控制，指的是根据系统运行情况，动态设定客户访问资源权限——这种实现方式就是所谓的权限阻塞功能。完美的高品质权限控制系统需要静态与动态的相互配合。

（4）权限验证方式

设计好的功能（功能 ID）会保存在数据库里，客户登录系统后，会读取其所应该具有的权限，放在会话（Session）信息里面。客户在访问任何资源时（通过单击链接或者按钮访问，或者手动直接输入资源 URL），都要根据所授予的权限范围对其权限进行验证。

图 8-6 所示为一般系统常用权限架构图，＊＊为对应关系中的"多对多"关系。例如：用户可以有多个角色，角色也可以赋予多个用户。

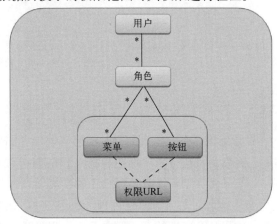

8.3.4 验证架构

验证架构是对用户输入数据验证时的架构设计。输入数据的验证系统，包括单项目验证（字段类型、长度、必填项等方面的验证）与相关项目验证（页面项目之间的相关逻辑验证），就像人的免疫系统。如果验证系统设计得不好，那么就会使得

图 8-6　权限架构

存入数据库的数据出现异常，有时甚至会导致致命错误。如果系统出现不可信数据，将会带来不可估量的损失。对于 BS 架构的系统来说，一般分为前台验证与后台验证。Java 技术里，前台一般用 JS 进行验证，这种验证不仅可以及时反馈用户输入信息的正确与否还可以减少客户端与服务器端之间的通信量。但是存在的风险就是，如果客户故意屏蔽了 JS 功能，

那么就不会对前台数据进行校验。此时，如果系统再没有后台验证机制，那么这个系统就会存在很高的风险。因此，无论是否存在前台验证，后台的验证必不可少。

单项目验证，属于非短路性验证（把所有的单项目错误都验证完，如果有错才返回错误页面），一般框架会提供验证工具，如果配合自动化代码生成工具，那么这部分代码会自动生成；相关项目验证，属于短路性验证（一旦有错就返回错误页面），利用自动化代码生成工具可以生成代码文件的基本框架（代码的半自动化），而具体内部逻辑代码需要程序员手动完成。验证架构如图 8-7 所示。

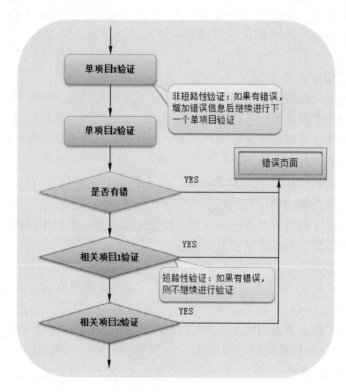

图 8-7　验证架构

8.3.5　异常架构

异常架构是系统发生异常时的架构设计。如果异常架构设计得非常糟糕，那么对于系统维护与开发，都会带来灾难性的结果。在 Java 领域，其 API 已经提供了较基础的异常架构体系，但在开发大型系统时还远远不够，需要合理扩展。以 Spring MVC 架构来说，异常的控制分为 Web 容器处理及 Spring 处理。应用程序扩展异常，如果是全局性的，一般在 Web 容器里处理；如果是业务性的，一般在 Spring 里处理。在 Spring 内部又分为控制层异常（Dispatcher 和 Domain）、业务层异常（Application）及持久层异常（Infrastructure），如图 8-8 所示。

8.3.6　消息架构

消息架构是把系统内部信息传递给用户的架构设计，如图 8-9 所示。其要考虑的要素

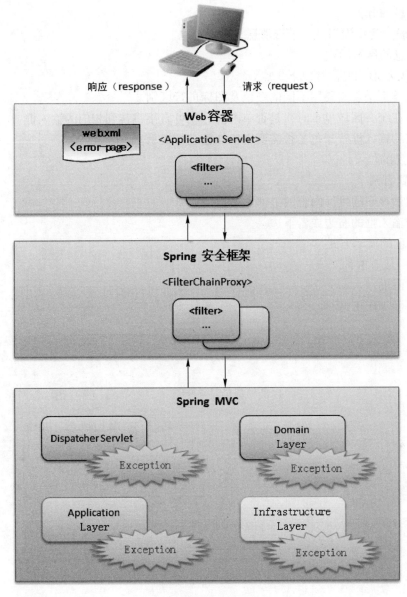

图 8-8　异常架构

有以下几点。

（1）消息的来源

消息可以是视图层、控制层、业务层、持久层中的消息，亦可以是架构内部消息。另外，其定义位置可以在常量文件、属性文件中，亦可以在代码里直接硬编码。

（2）消息的优先级

优先级的种类一般有以下3种。

① 同样消息，因在不同文件中定义而优先级不同。

② 同样消息，虽在同一文件内定义，但因定义格式不同而优先级不同。

③ 同样消息，因不同的消息来源而优先级不同。

（3）消息的分类

消息一般分为错误消息、警告消息与提示消息。

（4）消息的展示形式

消息的展示形式要注意以下 3 点。

① 消息类别是否需要用不同的颜色及图标进行区别。

② 消息在统一区域显示时，是否单击消息就可直接跳转到相应的输入框。

③ 相应的输入框背景色是否需要用粉红色进行提示。

（5）消息的位置

消息位置有两个。

① 放到最显眼的页面内容的上部。

② 各个输入框的右边或者下边。

（6）消息的展示方式

常用的一般有两种。

① 本页面展示。

② 子页面 MODE 模式。

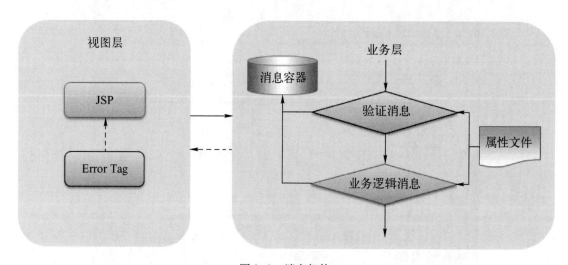

图 8-9　消息架构

8.3.7　阻塞架构

阻塞架构是系统运行中对部分用户或者部分功能进行随时停止访问的架构设计。阻塞设计时需要考虑联机阻塞与批处理阻塞。如果没有实施阻塞，那么对可疑用户或者部分功能安全的实时限制就比较麻烦，系统的控制品质与安全就会出现隐患，如图 8-10 所示。

8.3.8　数据字典架构

数据字典架构又称"编码列表架构（CodeList）"，是把下拉列表表示的数据进行统一读取与显示的架构设计，如图 8-11 所示。如果没有统一设计，那么每个开发者的定义可

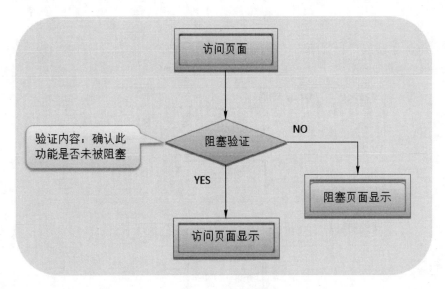

图 8-10　阻塞架构

能就不一样,从而造成编码的混乱。例如:页面项目"性别",其 key("0""1")与 value("男""女")这样的值,既可以用数据库表的形式设计,也可以以文件形式存储。

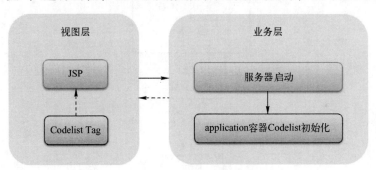

图 8-11　数据字典架构

8.3.9　软件的纵向架构

软件的纵向架构指的是从页面开始访问到读取数据的架构层次,一般采用 4 层架构,即视图层、控制层、业务逻辑层、数据持久层,如图 8-12 所示。

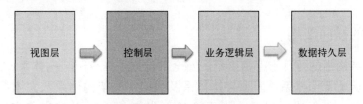

图 8-12　软件纵向架构层次

以 Spring MVC 架构技术为例,图 8-13 展示了各层之间的纵向架构体系。

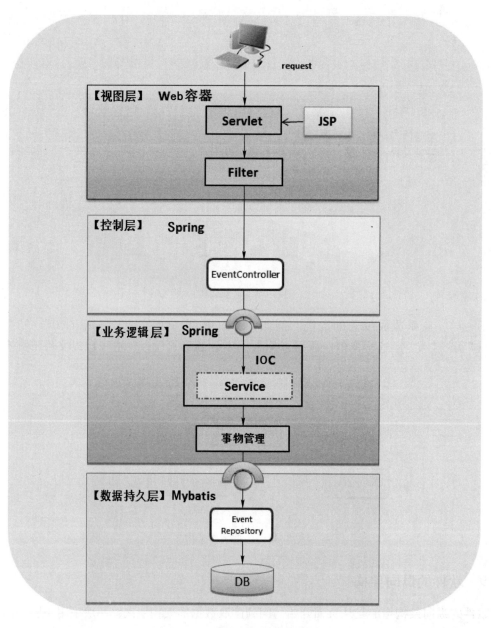

图 8-13　Spring MVC 纵向架构层次

8.3.10　软件的横向架构

软件的横向架构指的是日志架构体系、安全架构体系、权限架构体系、消息架构体系、异常架构体系、验证架构体系、阻塞架构体系及数据字典架构体系八大体系架构之间的关系。如果设计不好，不但影响性能，而且会给开发者与维护者带来很多困难。以 Spring MVC 架构技术为例，图 8-14 所示为八大体系架构之间的横向关系。

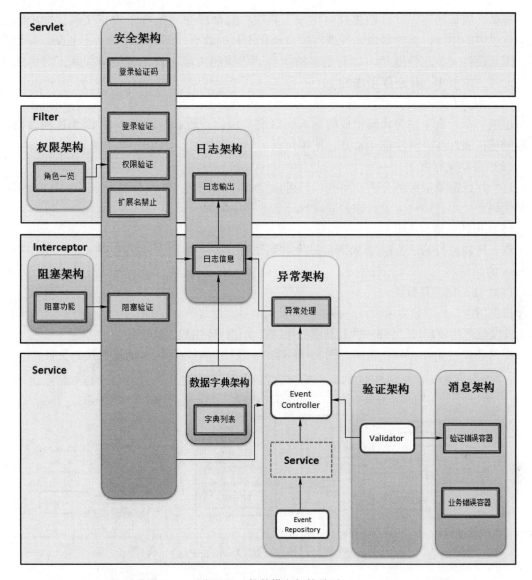

图 8-14　软件横向架构关系

8.4　软件架构与代码自动化工具

　　一款良好的软件架构一定会有与之配套的代码自动化生成工具，这样才是优秀的架构，才是真正的软件开发的利器。因此在进行软件架构设计时，就需要考虑到哪些部分代码可以进行自动化生成，哪些需要手动生成。

　　另外，是不是代码的自动化生成程度越高就越好呢？曾经有很多公司都尽可能地实现代码的全部自动化生成，或者图形化生成，结果都失败了，为什么？这里的原因很多，很重要的一点就是实际商业中的业务逻辑纷繁复杂，而计算机语言技术又有自身的局限性与技术难度，因此这种全自动化代码生成工具本身的思想就是走向了极端。即使有，使用起来也非常不方便，弊端会远远大于使用自动化带来的利益！

那么，应该如何设计自动化代码生成工具呢？这个思想还是源于中华文明，即中庸之道。这里讲的中庸，指的是最大程度发挥自动化工具的效能，即自动化工具不复杂，却很高效。因此设计一款配合框架，功能适中的半自动化代码生成工具，是架构师真正能力的体现。此时，以下4点是**必须考虑的**。

（1）设计模板

也就是用什么来作为代码生成的输入，目前来说，一般都是用 Excel，因为这种表格化模板的可扩展性与灵活性都非常高，使用便利，学习简单。

（2）自动化程度

这个过程需要架构师分析，哪些代码可以全部自动生成，如单项目验证、配置文件等；哪些代码需要半自动化生成，如关联性验证、业务逻辑部分。

（3）用什么语言来开发

现在比较流行的语言就是 VBA，另外就是结合开发平台而开发的各种插件，比如基于 Eclipse 的插件。

（4）自动化工具分类

根据用途，一般分为两种：一种是针对个别项目设计的一次性的工具（一般用 VBA 开发，因为开发效率比较高），另外一种就是商品化的自动化代码生成工具产品。

根据经典的 SpringMVC 架构，图 8-15 给出了软件架构与代码自动化工具的关系。

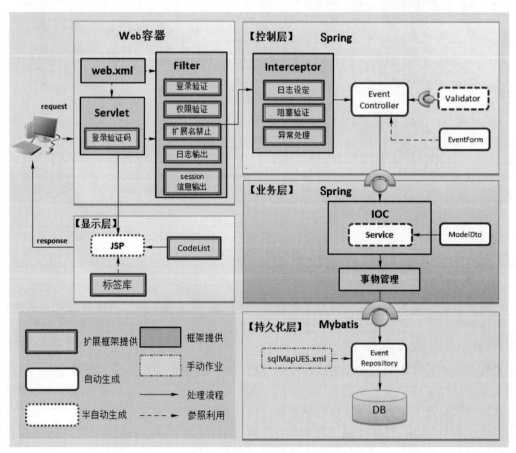

图 8-15　软件架构与代码自动化工具关系

本架构体系中，控制层的 EventController、EventForm，业务层的 ModelDto 及持久化层的 EventRepository 都实现代码的全部自动化生成，而显示层的 JSP、相关验证的 Validator 及 Service 可半自动化生成，需要全部手写的代码就是与业务相关的 SQL 语句。这样，通过这种分层次的代码自动化生成设计，不但提高了开发效率，而且提高了代码品质。

小结

软件架构品质的优劣往往决定了最终软件的成败。本章对架构体系应该具有的品质要素进行了详细介绍。在附录 A1 中亦有架构设计品质项目检查表，设计时，可以参考这些资料。而这些品质要素的具体实现方法，在本系列教程的最高级篇《Java 架构之完美设计——实战经典》中，将会有以 Java 技术为背景的实现范例，感兴趣的读者可以参阅。

练习题

1. 日志架构的品质要点有哪些？
2. 什么是阻塞架构体系？
3. 数据字典架构体系指的是什么呢？
4. 最佳代码自动化生成工具应该如何设计？

第9章 各种管理要领

在阅读本章内容之前，首先思考以下问题：

1. 软件开发过程中有哪些主要品质管理要领？
2. 项目管理工作中的六大要素是什么？
3. 安全管理工作的主要事项有哪些？

9.1 品质管理要领

本章列举了软件开发中品质管理团队的要点，在项目实施时，根据项目需求与条件，要对以下内容进行增加或者删减。

（1）品质管理团队与责任分担整理

需要建立品质管理组织图。在组织图中记载项目经理、品质管理员、项目组长、软件外包公司品质责任人等的分工，以明确品质责任。

（2）设定品质评审会议机制、指定主管

如果只在最后工程完成的判断会议上判断工程是否合格，那么品质判定的粒度太大，影响范围太广。一旦不合格就需要重新开始，这将会带来灾难性的后果。因此，在工程进行的各个阶段都要对品质进行判断，这是品质管理员的职责。同时要定期进行品质报告会议（可以和进度会议同时召开），适时召开行动会议，彻底把握品质状况。

（3）品质管理工具的选定与利用规则

如果本公司没有专门的品质管理工具，那么可以使用 365IT 学院研发的品质管理专家（www.quality1.cn），并设定使用规则。

（4）设定项目整体品质目标

根据本公司规定或者按照行业标准制定工程各阶段的品质目标。

（5）制定各种报表管理规则

各种报表管理包括 QA 管理、错误管理、故障管理、课题管理等。

（6）各开发阶段品质管理

① 设定品质目标。

② 设定品质检查表。

③ 编写测试作业要领。

④ 建立故障管理运用流程。

⑤ 设定故障处理报告单的记述层次与范围。

➤ 要在短时间内解决问题，需要注重分析要点，准确、及时地采取措施。

➤ 发现并找到问题，需要明确是哪个软件外包公司或者项目组出现的问题。

➤ 判断品质时，需要以功能模块为单位。

> ➤ 判断故障难易度、重大性。

> ➤ 判断故障的影响度。

⑥ 编写与品质分析评价有关的组织图、工作内容，明确责任者。

⑦ 实施品质分析与评价。

只在阶段完成后进行评价是不够的，需要建立能够随时分析品质状况的机制。

（7）设定项目全体品质判定会议

根据品质管理团队的决策，决定参加者、会议内容（保留事项的处置、合格与否的判断基准、再评审条件、风险把握等）。

项目结束的最终判定由 PM 来执行的。而品质管理员要和 PM 协商来决定开发过程中应记录哪些品质数据（即根据客户要求以及项目复杂度来选择必要的品质管理内容）。

9.2 项目管理要领

如果想给客户提供满意的系统，就要用 **QCDPSM** 这些观点来正确地评价业绩，并解决项目中的问题，对项目进行有效控制。

> ➤ Quality：品质。

> ➤ Cost：成本。

> ➤ Delivery：交货期。

> ➤ Productivity：生产率。

> ➤ Safety：安全。

> ➤ Morale：士气。

项目管理工作包含的内容很多，**核心要领**需要注意以下几点。

① 检查项目里程碑计划表的合理性（里程碑要考虑各个阶段的品质判定会议、工程结束报告会议，特别是明确与客户之间的责任范围，各阶段期限接近时，要做好准备，并及时和客户联系）。

② 明确开发范围。

③ 是否规定了开发方针、项目品质水准。

④ 各个开发阶段成果物是否明确（特别是很多客户急于让系统上线，工期很短，这样就会有很大的风险）。

⑤ 工程结束合格判断的基准是否明确。

⑥ 移植方针（如果存在不正确的数据，就无法进行系统移植，因此旧数据的验证工作越早越好）。

9.3 进度管理要领

为遵守 **QCD** 原则，需要对工作计划与实际情况进行定期对比。对发现的进度问题进行分析，并采取补救措施。

同时要注意以下**要点**内容。

① 是否规定了进度管理的深度。绝对不能只用主线进行进度管理。要将各个阶段的作

业项目进行细化管理（WBS）才能更好地执行。

②进度管理的深度与品质管理的深度（品质管理的纵向层次）相对应，那么就可对进度品质状况进行逐次把握。

③是否规定了定量化尺度（测定基准）的设定规则与把握方法（要对报告的可信度进行验证；另外进度率要用百分数来进行管理）。

④是否规定了进度会议的报告格式（报告格式项目内容要统一，不要只进行口头汇报）。

⑤是否建立了定期的进度报告机制（周期、责任者、人员体制等）。

⑥是否规定了处置界限值（处置界限值在各个阶段期间内是不同的，对于将要延迟的工作必须尽早采取措施）。

9.4 变更管理要领

软件开发中，式样变更难以避免。式样变更管理的好坏，直接影响最终交付产品的品质。因此，对于式样变更需要注意以下**要点**。

①是否把式样变更的流程明确化，并切实按照流程实施式样变更管理。

②要明确区分故障与式样变更。

③要明确收费与免费的判断基准。

④是否规定了式样变更的版本吸收流程。

⑤确定变更内容是在哪个阶段中进行吸收。

⑥辨明变更起源：是客户提出的式样变更，还是项目内提出的式样变更。

⑦要把握必要性与紧急度。

⑧要把测试中产生的代码、文档与式样变更内容进行区分管理。

⑨式样变更的测试要从 UT 开始，以防止偷工减料。

⑩要确定式样变更管理的影响范围。

9.5 QA 管理要领

在推进项目过程中发现的问题都需要进行记录。对问题迅速采取措施，解决问题后，要对记录进行更新确认，在规则上防止问题的遗漏。因此，QA 管理需要注意以下**要点**。

①是否制定了 QA 管理规则。

②是否制定了问题的解决方法（应对者、解决期限、重要度、优先级等）。

③在日常进度中，是否对解决问题点进行跟踪。

④问题管理是否以 5W1H（参照附表 B2 - 1）进行管理。

9.6 文档管理要领

为了避免文档的丢失与查找困难，必须对文档进行一元化的统一管理。此时需要考虑以下要点。

① 是否制定了标准化文档及设计书执笔要领。

② 是否制定了完整的文档命名体系规则（种类、目录等）。

③ 是否制定了文档修订规则。

④ 是否规定了文档安全管理规则。

⑤ 是否制定了设计书最新化规则及周知体系。

9.7　版本管理要领

为防止程序发布混乱或者文档丢失等失误，需要最新文档时，必须进行版本控制，以防止版本后退（Degrade）。

此时需要进行以下**要点**检查。

① 是否规定了版本管理的责任者。

② 是否规定了各阶段版本管理对象。

③ 是否制定了版本管理规则。

④ 是否规定了文件统合时期（多家公司一起开发时定期进行版本更新）。

⑤ 是否制定了定期的版本备份（一个月一次备份）。

而且，一定要制定一个版本管理文档，用于记录文件或者代码发布版本号。在各个环境中发布时，做好发布记录以免遗漏。

9.8　测试管理要领

明确各阶段的测试方针、团队、日程，以便顺利进行测试。同时需要确认以下**要点**内容。

① 各阶段的测试目的、范围、内容。

② 实施日程与实施团队。

③ 联络机制与支援机制。

④ 测试环境及环境搭建。

⑤ 资产计划（测试终端配置，如 PC、各种型号的手机等）。

⑥ 管理规则。

⑦ 测试用例编写规则（测试用例编写流程、评审、测试数据等）。

 NOTE:　　　　　　　　　　**及时改善测试作业要领**

在测试中发现问题时要进行分析，判断测试方法是否需要改进，因此需要及时改善测试作业要领。

9.9　安全管理要领

安全工作往往是人们忽视的内容，但对项目管理来说又是非常重要的。最基本的安全管理是必需的，特别是开发期间用到的数据信息，不得移作他用，不得泄露，因此要建立相应的机制与规则，其包括的**要点**内容如下。

① 是否建立了信息管理制度。

➢ 入退管理。

➢ 员工卡管理。

➢ 保密合同。

② 是否规定了废弃数据与资料的处置方式。

③ 对真实测试数据信息（身份证等重要信息），是否实施了保护措施。

9.10　外包管理要领

有些项目需要承包给第三方开发，那么此时作为甲方，需要注意以下**要点**，以确保承包方交付的产品品质。

① 外包范围是否明确。

② 是否掌握了作业情况。

③ 是否制定了规格变更规则。

④ 是否制定了品质管理规则。

⑤ 是否制定了 QA 管理规则。

⑥ 是否规定了安全管理规则。

⑦ 验收条件是否明确。

⑧ 最终交付的成果物内容是否明确。

小结

本章总结了软件开发过程中各种管理活动的品质要点，在实际工作中可以做成品质项目检查表进行自我品质的确认。除了测试活动要领需要根据情况进行及时调整以外，其他活动要领内容可以在项目中直接利用。

练习题

1. 进度管理要领主要包含哪些内容？

2. 安全管理要领主要包含哪些内容？

3. 品质、成本、交货期、生产率、安全、士气这 6 项项目管理要素中，哪项最重要呢？

4. 外出工作时，如果将有项目相关资料和数据的笔记本电脑丢失，那么首先要做的事情是什么？

第10章　品质管理工具

在阅读本章内容之前，首先思考以下问题：

1. 常用品质管理工具有哪些？
2. 如何设计故障处理报告单？
3. 在软件开发中，对各种问题进行有效管理的原则有哪些？

10.1　错误管理工具

错误管理工具是对设计阶段发现的式样不良进行管理与分析的工具，主要包括错误记述报告单与错误管理表。在阅读本章各小节之前，动笔尝试一下——如果自己设计各种管理工具，会设计成什么样？为什么要设计成这样？尝试之后，也许收获会更大！

10.1.1　错误记述报告单制作技巧

错误记述报告单，简称"错误报告单"或"错误单"，是品质注入阶段对发现的错误进行管理与品质数据收集的重要工具。没有这些数据就无法进行品质分析与判断，因此在进行品质注入工作时，对发现的问题，一定要记入错误单。

错误单的表现形式有很多，可以是 Word，也可以是 Excel，还可以是网上在线工具。但是无论哪种记载形式，以下内容是记载时必须填写的项目，否则就无法进行品质分析，找不出应对的改善点。

（1）错误种类

记录错误种类用于分析设计方法或者技术提高的改善点，如表 10-1 所示。

表 10-1　错误种类一览

编　号	种　　类	内 容 描 述
1	设计	设计内容指摘
2	文档化	对文档格式、错字等方面的指摘
3	式样变更	客户要求的式样变更

（2）错误现象

记录错误现象是为了把握错误发生现象的倾向，以便增加再评审时的检查点，如表 10-2 所示。

表 10-2　错误现象一览

编　号	种　　类	内 容 描 述
1	设计遗漏	① 必要功能欠缺 ② 处理遗漏

编　号	种　　类	内　容　描　述
2	设计错误	① 虽然必要的功能处理没有遗漏，但是设计的内容实现不了客户的要求 ② 设计了不必要的处理
3	说明内容不明确	① 设计内容有歧义 ② 没有具体的说明（应该说明的内容没有说明）
4	违反标准	违反项目规定的设计标准（用语、图表、表达不统一等）
5	重用错误	① 设计重用时，设计书的选择有误 ② 重用模块的处理内容不能满足当前式样需求
6	记述不良	设计内容没有问题，但是表述重复或者冗长，需要再提高品质
7	设计待改善	设计内容没有问题，但是有更好的设计方法
8	非错误	① 格式、各种线的不对 ② 漏字、错字等

（3）错误原因

记录错误原因是为了把握错误发生原因的倾向，寻找设计方法、设计的改善点，如表10-3所示。

表10-3　错误原因一览

编　号	种　　类	内　容　描　述
1	确认不足	客户要求事项不明白，却没有进行再确认，造成误解
2	探讨不足	对客户的要求探讨不仔细
3	调查不足	对可疑要求调查不足
4	设计技术不足	对作业标准的理解、设计技能及关联技术欠缺
5	业务知识不足	对客户业务内容等不能充分理解
6	沟通联络不彻底	设计变更或者作业标准修改等需要通知的没有通知到位
7	表达上考虑不足	没有理解记述规约，随自己习惯而记述
8	单纯失误	单纯人为失误
9	其他	注意不够等

（4）错误混入阶段

记录错误混入阶段可以了解上游阶段的评审遗漏，如果遗漏很多，则需要改善评审方法，如表10-4所示。

表10-4　错误混入阶段一览

编　号	种　　类	内　容　描　述
1	需求分析	需求分析的不良引起的错误
2	外部设计	外部（概要）设计的不良引起的错误
3	内部设计	内部（详细）设计的不良引起的错误

（5）系统要素

系统要素分为外部设计与内部设计，如表10-5所示。外部设计分为开发基本事项、业务共通、业务个别、系统共通等，内部设计又分为数据结构与模块设计等细目。

表 10-5　系统要素一览

编　号	种　类	类型编号	类　型	内 容 描 述
1	外部设计	开发基本事项	1A	对象业务
			1B	处理方式
			1C	系统构成
		业务共通	1D	数据字典设计
			1E	输入/输出共通设计
			1F	文件共通设计
			1G	业务共通设计
		业务个别	1H	基本事项
			1I	输入数据
			1J	输出数据
			1K	文件设计
			1L	业务处理
		系统共通	1M	信赖性
			1N	安全性
			1O	性能
			1P	运用
			1Q	扩展性
			1R	移植性
		其他	1S	其他
2	内部设计	数据结构	2A	电文式样
			2B	消息式样
			2C	数据表
			2D	文件式样
			2E	对象属性
		模块设计	2F	输入设计
			2G	输出设计
			2H	算法设计
			2I	错误处理
			2J	排他设计
		其他	2K	其他

10.1.2　错误记述报告单

　　根据 10.1.1 小节所叙述的错误记述报告单的必要要素，图 10-1 给出了其设计范例。本错误报告单分为 3 部分：上面部分为基本信息（在评审之前，可以先把这部分信息进行填写后再打印）；中间为正文，在评审时根据情况记述错误；下面部分为"错误种类""错误现象""重要度""错误原因""混入阶段"等错误单选项参考。在纸质打印评审时只填写数字即可；读者如果使用了本书配套软件，可直接进行选择（下拉菜单形式）。

错误记述报告单

基本信息			
系统名称	365IT学院		
文档名称	用户登录		
文档ID	DL0101	错误编号	W00001

	记录者	周大伟	评审日	2017/1/4	评审时间(分钟)	90	评审前页数	10
	责任者	颜廷吉	评审轮次	1	评审对象页	1～10	评审后页数	11
	评审出席者	颜廷吉 尹小明 周大伟	评审种别 1: 中间评审 2: 项目内评审 3: 专家评审 4: 客户评审		混入阶段 1: 需求分析 2: 外部设计 3: 内部设计	发现阶段 1: 需求分析 2: 外部设计 3: 内部设计		

错误编号	章节	页	行	问题点	修改内容或讨论结果	错误种别	错误现象	重要度	优先级	错误原因	混入阶段	系统要素	修改要素工数	修改日	修改者	确认日	确认者
W00001	1	2	16	用户表数据库字段「Birthday」格式定义错误：[yyy/mm/dd]	根据编程规约把正确日期形式改为「yyyymmdd」	1	4	S	3	1	3	2E	10	2017/1/21	周大伟	2017/1/21	颜廷吉

错误种别
1: 设计
2: 文档化
3: 文档变更

错误现象
1: 设计遗漏
2: 设计错误
3: 说明内容不明确
4: 标准违反
5: 重用错误
6: 记述不良
7: 设计待改善
8: 非错误

重要度
L: 大
M: 中
S: 小

优先级
1: 特急
2: 急
3: 高
4: 中
5: 低

错误原因
1: 确认不足
2: 检讨不足
3: 调查不足
4: 设计技术不足
5: 业务知识不足
6: 周知联络不彻底
7: 表现上考虑不足
8: 单纯失误
9: 其他

混入阶段
1: 需求分析
2: 外部设计
3: 内部设计

系统要素

外部设计

开发基本事项
1A: 对象业务
1B: 处理方式
1C: 系统构成

业务共通
1D: 数据字典设计
1E: 输入输出共通
1F: 文档共通设计
1G: 业务共通设计

业务个别
1H: 基本事项
1I: 输入数据
1J: 输出数据
1K: 文档设计
1L: 业务处理

系统共通
1M: 信赖性
1N: 安全性
1O: 性能
1P: 运用
1Q: 扩展性
1R: 移植性

其他
1S: 其他

内部设计

数据结构
2A: 电文式样
2B: 消息式样
2C: 数据表
2D: 文档式样
2E: 对象属性

模块设计
2F: 输入设计
2G: 输出设计
2H: 算法设计
2I: 错误处理
2J: 排他处理

其他
2X: 其他

图10-1　错误记述报告单

10.1.3　错误管理表

错误管理表是用来记录错误记述报告单的，其内容与错误记述报告单基本一致，目的是进行统一管理，以及错误的统计与分析。无论是否需要错误记述报告单，发现的错误都一定要记录在错误管理表里，如表 10-6 所示。

表 10-6　错误管理表（1/4）

错误基本信息										
错误编号	状态	文档 ID	文档名称	发现阶段	评审种别	评审轮次	评审页数			
							评审前	评审后	对象页	
W00001	7：结束	YF0101	用户登录	3：内部设计	2：项目内评审	1	10	11	1～10	

表 10-6　错误管理表（2/4）

评审出席者	日时		成员		章节	页	行	问题点
	日期	时间	记录者	责任者				
颜廷吉　尹成　周伟鹏	2017/1/20	1	周伟鹏	颜廷吉	1	2	16	用户表数据库字段「Birthday」格式定义错误：「yyy/mm/dd」

表 10-6　错误管理表（3/4）

错误具体信息					
修改内容或检讨结果	发生种别	错误现象	重要度	优先级	错误原因
根据编程规约正确日期形式为「yyyymmdd」	1：设计	4：标准违反	S：小	4：中	1：要求确认不足

表 10-6　错误管理表（4/4）

混入阶段	系统要素	修改工数	修改日期	修改者	确认日期	确认者
3：内部设计	2E：对象属性	10	2017/1/21	周伟鹏	2017/1/21	颜廷吉

错误管理表可以在错误记述报告单内容的基础上进行各种功能的延伸，例如：根据错误分类，统计并抽取各种类别的错误等，这些功能在本书配套的学习软件"品质管理专家"中都会有体现。与错误记述报告单相比，在错误管理表的 Excel 电子版的模板里，只增加了错误管理状态这一栏，如表 10-7 所示。此处的错误管理状态亦适用于故障处理表。

表 10-7　管理状态一览

编号	种　类	备　注
1	新建	起草完成时的案件登录状态
2	解析中	解析开始到解析终了之间的状态，前一个状态一般是新建
3	修改中	修改开始到修改完成之间的状态，前一个状态一般是解析中

编　号	种　　类	备　注
4	确认中	确认开始到确认终了之间的状态，前一个状态一般是修改中
5	取消	只有新建状态的案件才可以取消。案件取消后，就不可以再复活
6	保留	案件有未决事项或者暂时不需要应对，但是留作后期提醒时做为保留状态
7	结束	案件正常处理完毕后的状态

10.2　故障管理工具

故障管理工具，是验证阶段对发现的代码错误进行管理与分析的工具。故障管理工具主要有故障处理报告单与故障管理表。

10.2.1　故障处理报告单制作技巧

故障处理报告单，简称故障报告单或故障单，是品质验证阶段对发现的故障进行管理与品质数据收集的重要工具。没有这些数据就无法进行品质分析与判断，因此在进行品质验证工作时，发现的问题一定要记入故障单。

（1）故障发生场所

分析故障发生的场所可把握故障到底是在新建、改造或者重用哪种情况下出现的，如表 10-8 所示。

表 10-8　故障发生场所一览

编　号	种　　类	内容描述
1	新建	新做成的代码中发生的故障
2	改造	改造代码中发生的故障
3	重用	既存代码再利用时发生的故障

（2）故障发现手段

如果在机器（计算机、手机等设备）上发现的故障应该在桌上（打印出代码，在桌面审核）检出时，就需要采取措施，以改善桌上评审方法，如表 10-9 所示。

表 10-9　故障发现手段一览

编　号	种　　类	内容描述
1	桌上	直接对代码进行评审时发现的故障
2	机器	程序运行中，在机器上验证时发现的故障

（3）故障现象

故障现象，也就是故障发生时的系统动作，如表 10-10 所示。

表 10-10　故障现象一览

编　号	种　类	现象描述
1	系统瘫痪	① 联机系统动作无法运行 ② 批处理异常终了
2	数据破坏	① 登录进来的数据无法读入 ② 数据丢失
3	功能障碍	① 处理结果与预期不一致 ② 部分功能障碍
4	形式错误	① 页面布局不对 ② 消息格式不对
5	其他	① 电文不对 ② 文件更新不对 ③ 其他

（4）故障种类

分析故障种类，以明确故障性质，找出改善对策，如表 10-11 所示。

表 10-11　故障种类一览

编　号	种　类
1	软件故障
2	环境故障
3	硬件故障
4	其他

（5）软件故障

软件故障是最常见的故障，也是需要重点进行分析与改善的要点。

① 故障本质。

明确故障本质，可以把握故障的发生倾向，有助于技术问题的改善，如表 10-12 所示。

表 10-12　故障本质一览

编　号	类　型	内容描述
1	接口错误	① 接口之间数据格式不对 ② 接口之间参数格式不对
2	数据验证错误	① 最小值、中间值、最大值等数据检查功能 ② 错误信息的内容有错
3	数据定义错误	① 变量类型定义错误、初期值设定、数据结构错误 ② 表字段定义错误等
4	逻辑错误	① 计算错误 ② 业务处理流程遗漏 ③ 判断错误等
5	形式编辑错误	① 页面显示格式 ② 报表数据格式不对等 ③ 输出电文等错误

编 号	类 型	内容描述
6	边界处理错误	上限值、下限值等
7	文件处理错误	文件内数据更新不对等
8	消息错误	① 消息格式不对 ② 消息内容不对
9	其他	上述以外

② 故障原因。

把握故障原因的发生倾向，用于改善各阶段的工作方法，如表 10-13 所示。

表 10-13　故障原因一览

编号	种 类	类型编号	类 型	内 容 描 述
1	式样书不良	A	记述遗漏	式样书应该记述的内容没有记述
		B	记述有误	式样书设计内容有问题但是没有被发现
		C	记述不明确	① 作为技术者的常识而省略 ② 没有具体说明
		D	违反标准	没有遵从工程规定的设计标准等（如记述内容水平不统一）
		E	文档修改遗漏	① 进行了式样变更，但是漏掉修改 ② 代码正确，但式样有误；只需要修改式样而已
		F	文档间不整合	① 式样书内部记述内容不统一 ② 式样书之间记述内容不统一
		G	其他	上述以外
2	编码不良	A	式样遗漏	式样记述的内容在编码时漏掉
		B	式样理解不足	① 因为业务知识不足，式样理解不充分 ② 认为式样有错误应该进行式样变更，但是没有及时确认 ③ 对式样虽然有疑惑，但是没有及时确认，按照自己的理解来编程
		C	式样讨论不足	① 违反式样标准等未发现 ② 式样理解粗浅
		D	技术错误	开发者的技术能力不足而造成的错误
		E	违反标准	违反编程规约等
		F	重用时确认不足	代码重用时（网络代码或者本系统内既存代码），未彻底理解代码含义，囫囵吞枣地就用了，结果带来不良
		G	调查不足	例如，修改 A 方法，但是调用这个方法的地方不止一处，可能对某一功能修改正确，但是另外的功能就会出错
		H	其他	上述以外
3	其他	A	周知联络不彻底	式样变更、技术处理方式变更等周知与作业标准周知地不彻底
		B	单纯失误	单纯人为失误
		C	其他	上述以外

③ 故障混入阶段。

把握故障混入阶段，就可以针对性地对该阶段的问题模块进行改善，如表 10-14 所示。

表 10-14 故障混入阶段一览

编　号	种　类	内 容 描 述
1	需求分析	需求分析的不良而引起的故障
2	外部设计	外部（概要）设计的不良而引起的故障
3	内部设计	内部（详细）设计的不良而引起的故障
4	编码	编码时混入的故障
5	修改失误	① 因修改故障时混入的故障 ② 因式样变更时混入的故障 ③ 修改时伴随的 Degrade

④ 故障应该检出阶段。

分析故障应该检出阶段可把握测试遗漏的阶段，如表 10-15 所示。如果发现较多的应该在之前某阶段检出而未被检出的故障，那么就需要讨论是否加强其测试。

表 10-15　故障应该检出阶段一览

编　号	种　类	内 容 描 述
1	代码评审	例如应该在单元测试阶段发现的单项目验证错误，却在结合测试阶段发现了
2	单元测试	
3	结合测试	
4	系统测试	

⑤ 故障设计阶段未检出原因。

分析故障设计阶段未检出原因可把握设计评审的遗漏倾向，用于改善评审方法，如表 10-16 所示。

表 10-16　故障设计阶段未检出原因一览

编　号	种　类	内 容 描 述
1	品质项目考虑不足	品质注入时，品质检查表设定遗漏
2	评审未实施	综合评审没有实施（项目内评审、专家评审、客户评审）
3	评审指摘遗漏	虽然实施了评审，但是评审技术不足
4	阶段间交接时交流不足	① 人员更换引起的交流不足 ② 公司之间项目交接引起的不足
5	其他	上述以外

⑥ 故障验证阶段未检出原因。

分析故障验证阶段未检出原因可把握测试遗漏倾向，以改善测试用例的编写方法或者改善测试方法，如表 10-17 所示。

表 10-17　故障验证阶段未检出原因一览

编　号	种　类	内 容 描 述
1	测试用例编写遗漏	因考虑不周或手法不对，测试用例没编写出来
2	测试遗漏	测试用例未实施
3	结果确认失误	结果确认不足
4	其他	上述以外

（6）硬件故障

硬件故障如表10-18所示。

表 10-18　硬件故障一览

编　　号	种　　类
1	服务器主机
2	服务器周边设备
3	电源系统
4	空调冷却系统
5	网线
6	其他

（7）环境故障

环境故障如表10-19所示。

表 10-19　环境故障一览

编　　号	种　　类
1	环境参数错误
2	文件统合错误
3	环境同期化错误
4	其他

（8）其他故障

其他故障如表10-20所示。

表 10-20　其他故障一览

编　　号	种　　类
1	误操作
2	不可再现
3	指摘错误
4	重复
5	文档不良
6	潜在故障（旧故障）
7	其他

10.2.2　故障处理报告单

根据10.2.1小节叙述的故障处理报告单必要要素，图10-2所示为其设计范例。本故障单分为4部分：上面部分为制作时填写的基本内容，包含基本信息与故障状况；中间上半部为故障正文，需要根据故障实际状况进行解析；中间下半部为故障处理内容部分，在解析完成后的故障应对具体方案中填写；最下面的部分为故障确认部分。

故障处理报告单

<table>
<tr><td rowspan="3">基本信息</td><td>系统名称</td><td colspan="2">365IT学院</td><td>发现日</td><td colspan="2">2017/1/9</td><td rowspan="2">发现手段</td><td colspan="2">1: 桌上
2: 机器</td><td colspan="2">2: 机器</td><td>重要度</td><td>L: 大
M: 中
S: 小</td><td>S: 小</td></tr>
<tr><td colspan="2">发现者</td><td colspan="2">颜廷吉</td></tr>
<tr><td>功能名称</td><td colspan="2">用户登录页面</td><td rowspan="2">发现阶段</td><td>1: CR
2: UT
3: IT
4: ST</td><td>3: IT</td><td>故障现象</td><td colspan="2">1: 系统瘫痪
2: 数据破坏
3: 功能障碍
4: 形式错误
5: 其他</td><td colspan="2">4: 形式错误</td><td>优先级</td><td>1: 特急
2: 急
3: 高
4: 中
5: 低</td><td>1: 特急</td></tr>
</table>

	功能ID	DL0101	故障编号	B00001

<table>
<tr><td rowspan="5">故障状况</td><td>概要</td><td colspan="2">数据登录时，用户生日格式登录不正确。</td></tr>
<tr><td rowspan="3">故障内容</td><td colspan="2">在用户登录确认页面，单击"确定"按钮，数据库T_USER中BirthDay字段登录用户格式不正确。
现状：1981/01/01
正确：19810101</td></tr>
<tr><td>附件</td><td>数据库截图.JPG</td></tr>
</table>

软件故障

<table>
<tr><td rowspan="14">故障解析</td><td colspan="4" align="center">软件故障</td><td colspan="2">发生场所</td><td>1: 新建
2: 改造
3: 重用</td><td>1: 新建</td><td>解析日</td><td>2017/1/15</td></tr>
<tr><td>故障混入阶段</td><td>应读检出阶段</td><td>设计阶段未检出原因</td><td>测试阶段未检出原因</td><td colspan="2" rowspan="2"></td><td></td><td></td><td>解析者</td><td>颜廷吉</td></tr>
<tr><td>1: 需求分析
2: 外部设计
3: 内部设计
4: 编码
5: 修改失误</td><td>1: 代码评审
2: 单元测试
3: 结合测试
4: 系统测试</td><td>1: 品质项目考虑不足
2: 评审未实施
3: 评审指摘遗漏
4: 阶段间交接时交流不足
5: 其他</td><td>1: 测试用例编写遗漏
2: 测试遗漏
3: 结果确认失误
4: 其他</td><td colspan="2">环境故障</td><td colspan="2">故障模块ID</td><td>DL0101</td></tr>
<tr><td rowspan="2">3: 内部设计</td><td rowspan="2">2: 单元测试</td><td rowspan="2">3: 评审指摘遗漏</td><td rowspan="2">3: 结果确认失误</td><td colspan="2">2A: 环境参数错误
2B: 文件统合错误
2C: 环境周期化错误
2D: 其他</td><td colspan="2">式样变更管理编号</td><td></td></tr>
<tr><td colspan="2"></td><td colspan="2">关联故障报告单编号</td><td></td></tr>
<tr><td rowspan="2">故障本质</td><td colspan="3" align="center">故障原因</td><td colspan="2">硬件故障</td><td colspan="2">其他故障</td><td></td></tr>
<tr><td>式样书不良</td><td>编码不良</td><td>其他</td><td rowspan="2" colspan="2">3A: 服务器主机
3B: 服务器周边设备
3C: 电源系统
3D: 空调冷却系统
3F: 网线
3F: 其他</td><td rowspan="2" colspan="2">4A: 误操作
4B: 不可再现
4C: 指摘错误
4D: 重复
4E: 文档不良
4F: 潜在Bug（旧Bug）
4G: 其他</td><td></td></tr>
<tr><td>1A: 接口不正确
1B: 数据验证错误
1C: 数据定义错误
1D: 逻辑错误
1E: 形式编辑错误
1F: 边界处理错误
1G: 文件处理错误
1H: 消息不正确
1I: 其他</td><td>1A: 记述遗漏
1B: 记述有误
1C: 记述不明确
1D: 违反标准
1E: 文档修改遗漏
1F: 文档间不整合
1G: 其他</td><td>2A: 式样遗漏
2B: 式样理解不足
2C: 式样讨论不足
2D: 技术错误
2E: 违反标准
2F: 重用时确认不足
2G: 调查不足
2H: 其他</td><td>3A: 周知联络不彻底
3B: 单纯失误
3C: 其他</td><td></td></tr>
<tr><td>1E: 形式编辑错误</td><td>1D: 违反标准</td><td></td><td></td><td colspan="2"></td><td colspan="2"></td><td></td></tr>
<tr><td>解析内容</td><td colspan="8">对于日期形式，本系统编程规约规定数据库登录格式为"yyyymmdd"，违反规约。</td></tr>
</table>

<table>
<tr><td rowspan="2">故障处理内容</td><td rowspan="2">①详细式样书中，登录处理字段"birthDay"格式进行以下修改：
修改前：yyyy/mm/dd
修改后：yyyymmdd
②代码中，登录处理字段"birthDay"加入toDateYYYYMMDD()方法</td><td rowspan="2">式样</td><td>修改有无</td><td>1: 有
2: 无</td><td>1: 有</td><td rowspan="2">代码</td><td>修改有无</td><td>1: 有
2: 无</td><td>1: 有</td></tr>
<tr><td>式样名称</td><td colspan="2">DD_用户登录</td><td>代码名称</td><td colspan="2">DL0101Service.java</td></tr>
</table>

							修改工数	30	修改规模	3
			修改日	2017/1/15	修改者	颜廷吉	修改日	2017/1/15	修改者	颜廷吉

故障确认	①式样书，确认OK ②经再测试，结果OK	确认日	2017/1/16	确认者	颜廷吉

图 10-2　故障处理报告单设计范例

另外注意，故障解析根据难易度、紧急度等，也许会需要一次解析、二次解析等多次才可解析清楚；同样，故障处置与确认也会根据紧急度进行临时应对与永久应对的区分。理想情况就是一次解析后进行一次处置与确认。故障对应流程图如图10-3所示。

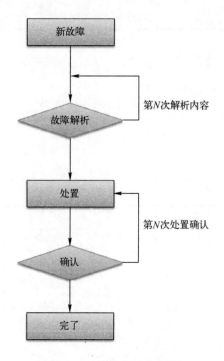

图10-3　故障应对流程图

10.2.3　故障处理报告单填写技巧

故障处理报告单不仅是要求自己能看明白，更重要的是别人也能看明白。有些报告单完成一段时间之后，自己再看都不知道什么意思，原因是内容填写不全。必要的内容项目是故障处理报告单品质的重要保证。填写时需要注意以下技巧：

① 再现难易度，能再现的需要填写再现方案；

② 测试数据是否有必要准备；

③ 日志是否取出；

④ 页面是否截图；

⑤ 现象描述是否清晰；

⑥ 相关式样书是否需要修改；

⑦ 证据是否齐全；

另外，故障处理报告单如果是软件故障，即图10-4所示的虚线框内区域要填写；若非软件故障，框内的内容不需要填写。

	解析日	2017/1/15
	解析者	颜廷吉
	故障模块ID	DL0101
	关联变更管理编号	
	关联故障报告单编号	

发生场所 1: 新建 2: 改造 3: 重用 —— 1: 新建

环境故障
- 2A: 环境参数错误
- 2B: 文件统合错误
- 2C: 环境同期化错误
- 2D: 其他

硬件故障
- 3A: 服务器主机
- 3B: 服务器周边设备
- 3C: 电源系统
- 3D: 空调冷却系统
- 3E: 网线
- 3F: 其他

其他故障
- 4A: 误操作
- 4B: 不可再现
- 4C: 指摘错误
- 4D: 重复
- 4E: 文档不良
- 4F: 潜在Bug（旧Bug）
- 4G: 其他

软件故障

故障混入阶段	应该检出阶段	设计阶段未检出原因	测试阶段未检出原因
1: 需求分析 2: 外部设计 3: 内部设计 4: 编码 5: 修改失误	1: 代码评审 2: 单元测试 3: 结合测试 4: 系统测试	1: 品质项目考虑不足 2: 评审未实施 3: 评审指摘遗漏 4: 阶段间文接时交流不足 5: 其他	1: 测试用例编写遗漏 2: 测试遗漏 3: 结果确认失误 4: 其他
3: 内部设计	2: 单元测试	3: 评审指摘遗漏	3: 结果确认失误

作为一个整体案填写

故障本质	武样书不良	编码不良	其他
1A: 接口不正确 1B: 数据验证错误 1C: 数据定义错误 1D: 逻辑错误 1E: 形式或编辑错误 1F: 边界处理错误 1G: 文件处理错误 1H: 消息不正确 1I: 其他	1A: 记述遗漏 1B: 记述有误 1C: 记述不明确 1D: 违反标准 1E: 文档修改遗漏 1F: 文档间不整合 1G: 其他	2A: 武样遗漏 2B: 武样理解不足 2C: 武样讨论不足 2D: 技术错误 2E: 违反标准 2F: 重用时确认不足 2G: 调查不足 2H: 其他	3A: 周知联络不彻底 3B: 单纯失误 3C: 其他
1E: 形式或编辑错误	1D: 违反标准		

故障解析

解析内容：对于日期形式，本系统编程规约规定数据库登录格式为"yyyymmdd"，违反规约

图10—4 软件故障填写注意事项

10.2.4 故障管理表

故障管理表是用来登录与管理故障的,其内容与故障处理报告单基本一致,目的是进行统一管理及故障的统计与分析。无论是否需要故障处理报告单,发现的故障都一定要记入故障错误管理表里。故障管理表可以在故障处理报告单内容的基础上进行各种功能的延伸,例如:根据故障分类统计并抽取各种类别的故障等,这些功能在本书对应的学习软件中亦会有体现。表 10-21 所示为故障管理表设计范例。

表 10-21　故障管理表设计范例 (1/7)

故障编号	状态	概要	功能 ID	功能名称	发现日	发现者	发现阶段	发现手段	故障基本信息 故障现象
B00001	7:结束	数据登录时,用户生日格式登录不正确	DL01	用户登录	2017/1/15	周大伟	2:IT	2:机器	4:形式错误
B00002	2:解析中	项目"邮件"未进行验证	DL01	用户登录	2017/1/15	周大伟	2:IT	2:机器	4:形式错误

表 10-21　故障管理表设计范例 (2/7)

重要度	优先级	故障内容	附件	故障模块 ID	发生场所
S:小	4:中	在用户登录确认页面,按"确定"按钮,数据库 T_USER 中 BirthDay 字段登录用户格式不正确。 现状:1981/01/01 正确:19810101	数据库截图.JPG	DL0101	1:新建
S:小	4:中	在用户登录页面,项目"邮件"为必填项	用户登录页面.JPG		

表 10-21　故障管理表设计范例 (3/7)

故障分类	软件故障				
	故障混入阶段	应该检出阶段	设计阶段未检出原因	测试阶段未检出原因	故障本质
1:软件故障	3:内部设计	2:单元测试	3:评审指摘遗漏	3:结果确认失误	1E:形式编辑错误

表 10-21　故障管理表设计范例 (4/7)

故障解析					
故障原因			环境故障	其他故障	式样变更管理编号	关联故障处理报告单编号
式样书不良	编码不良	其他				
1D:违反标准						

146

表 10-21 故障管理表设计范例 （5/7）

解 析 内 容	解析日	解析者	故障处理内容	修改有无
对于日期形式，本系统编程规约规定数据库登录格式为"yyyymmdd"，违反规约	2017/1/15	颜廷吉	① 内部式样书中，登录处理字段"birthDay"格式进行以下修改： 修改前：yyyy/mm/dd 修改后：yyyymmdd ② 代码中，登录处理字段"birthDay"加入toDateYYYYMMDD（）方法	1：有

表 10-21 故障管理表设计范例 （6/7）

故障处理								
文档			代码					
修改文档名称	修改日	修改者	修改有无	修改代码名称	修改工数（分钟）	修改规模（行数）	修改日	修改者
DD_用户登录	2017/1/15	颜廷吉	1：有	DL0101Service. java	20	3	2017/1/15	颜廷吉

表 10-21 故障管理表设计范例 （7/7）

故障确认		
确认内容	确认日	确认者
① 式样书，确认 OK ② 经再测试，结果 OK	2017/1/15	颜廷吉

10.2.5 实故障与非故障

实故障指的是发生程序修改的故障。**非故障**指的是不发生程序修改的故障（不能再现、指摘错误等）。

对故障进行解析时，首先要确定故障是实故障还是非故障。实故障滞留下来会带来潜在巨大风险，需要及时应对。非故障要注意影响范围及重要度，需要及时处理的情况不要拖延。

对于实故障，如果是软件故障，那么其混入阶段肯定在外部设计、内部设计或者编码的某个阶段，要么是式样问题，要么是编码问题，解析时都要认真地分析处理。

对于非故障，也不要掉以轻心，如果太多的非故障，将会浪费很多解析时间。对非故障的原因进行归纳总结，并要采取措施防止再次发生。

10.3 重要辅助管理工具

10.3.1 品质管理表

品质管理表，分为设计阶段品质管理表与测试阶段品质管理表。要根据开发进度采用相应的专业管理工具。

（1）设计品质管理表

设计品质管理表，是在外部设计、内部设计阶段用于管理式样书品质管理的表，每条信息以设计书**评审轮次为单位**进行记录，包括评审前后文档页码、评审时间、错误现象、评审密度、错误密度等内容。因为各阶段设计书的形式不一样，没有连贯性方面的可比性，因此设计时只需要考虑本阶段设计书品质要素即可，如表 10-22 所示。

表 10-22　设计品质管理表（1/2）

| 管理编号 | 设计阶段 | 文档名 | 评审轮次 | 文档页数 | | 评审时间 | 错误现象 | | | | |
				评审前页数	评审后页数	轮次评审时间	设计遗漏	设计错误	说明内容不明确	标准违反	重用错误
D00001	外部设计	登录处理	1	100	120	200	3	5	4	3	0
D00002	外部设计	登录处理	2	120	130	180	0	0	2	0	0

表 10-22　设计品质管理表（2/2）

| 记述不良 | 设计待改善 | 非错误 | 合计错误 | 累计错误 | 评审密度 | | 错误密度 | | 错误密度等级 | | 品质判定 | |
					评审轮次单位	评审密度等级	评审轮次单位	文档单位	评审轮次单位	文档单位	品质等级	备注
2	3	3	20	20	2.0	○	20.0	16.7	○	○	D	虽然评审密度、错误密度在界限内，但是还有重大错误，需要再次评审
1	1	0	4	31	1.5	○	3.3	23.8	○	○	B	评审密度、错误密度都在界限内，而且没有重大错误，品质合格

（2）测试品质管理表

测试品质管理表，是贯穿测试的每个阶段的品质管理表，主要包括测试规模、估算的测试项目数、抽出及消化的测试用例、测试密度、故障预测值、故障实际件数、故障密度及故障收缩率等内容，如表 10-23 所示。前半部为数据的基本信息；后续分别为 UT、IT、ST 品质数据项目与品质判断结果。

表 10-23 测试品质管理表 (1/5)

管理编号	系统阶层				测试规模 (K/steps)						
	业务 ID	功能 ID	模块 ID	开发者	UT 规模		IT 规模		ST 规模		测试件数（计划值）
					开始	结束	开始	结束	开始	结束	
T00001	DL	DL01	DL0101	周某	1.200	1.250	1.250	1.260	1.260	1.270	120

表 10-23 测试品质管理表 (2/5)

UT													
测试数据				故障数据			矩阵分析等级	代码覆盖率	故障收缩率	遗漏分析（应该检出阶段）			
测试件数（实际值）	测试件数（实施值）	测试密度（标准值134.4）	测试密度等级	故障数	故障密度（标准值7.5）	故障密度等级				CR	UT	IT	ST
125	123	104	○	10	8.33	○	①	95.00%	130.21%	1	9	0	0

表 10-23 测试品质管理表 (3/5)

品质等级	备注	IT									
		测试数据					故障数据			矩阵分析等级
		测试件数（计划值）	测试件数（实际值）	测试件数（实施值）	测试密度（标准值74.8）	测试密度等级	故障数	故障密度（标准值4.2）	故障密度等级	
B	品质合格	40	48	45	38.40	○	3	2.40	○	①

表 10-23 测试品质管理表 (4/5)

故障收束率	遗漏分析（应该检出阶段）				品质等级	备注	测试数据					故障数
	CR	UT	IT	ST			测试件数（计划值）	测试件数（实际值）	测试件数（实施值）	测试密度（标准值19.2）	测试密度等级	
109.09%	1	2	0	0	B	品质合格	15	16	13	12.70	○	1

表 10-23 测试品质管理表 (5/5)

ST									
故障数据			矩阵分析等级	故障收缩率	遗漏分析（应该检出阶段）			品质等级	备注
故障数	故障密度（标准值1.0）	故障密度等级			CR	UT	IT	ST		
1	0.79	○	①	122.10%	0	0	0	1	A	没有重大错误且测试密度、故障密度都在范围内，因此品质优秀

部分品质数据项的说明可以参照表 10-24。

表 10-24 品质管理表项目说明

编 号	项	目	说 明
1	设计	评审密度	评审密度 = 本轮评审时间/本轮评审前页数
		评审密度等级	参照表 3-1
		错误密度（轮次）	错误密度（轮次）= 本轮错误件数/本轮评审前页数
		错误密度（文档）	错误密度（文档）= 累计错误件数/文档最终页数
		错误密度等级	参照表 3-1
2	测试	测试密度	测试密度 = 测试件数（实际值）/各阶段规模开始值
		测试密度等级	参照表 3-1
3	故障数据	故障密度	故障密度 = 故障数/各阶段规模开始值
		故障密度等级	参照表 3-1
4	矩阵分析等级		参照表 5-8
5	故障收缩率		故障收缩率 = 故障密度/各阶段标准值
6	品质等级		参照表 2-11
7	遗漏分析 （应该检 出阶段）	单元测试	在本阶段测试出的故障应该属于 UT 阶段检出的故障数
		结合测试	在本阶段测试出的故障应该属于 IT 阶段检出的故障数
		系统测试	在本阶段测试出的故障应该属于 ST 阶段检出的故障数

10.3.2 QA 管理表

QA 管理表又称"问题管理表"，是在设计、编码或者测试时对目前阶段遇到的设计问题或者技术问题进行确认与管理时使用的工具，如表 10-25 所示。

进行 QA 管理时，最重要的是责任明确，待流程规则制定好之后再进行有效监督与执行。

特殊情况，QA 又分为项目内部 QA 与客户用 QA。客户用 QA 一般都需要项目组长或者项目经理确认后再登录，特别情况下，客户用 QA 要有专人管理。

表 10-25 QA 管理表（1/3）

管理编号	状态	阶段	分类	重要度	优先级	作成者	作成时间	期望回答者
Q00001	6：结束	3：编码	1：共通问题	M：中	1：特急	周伟鹏	2017/1/23	颜廷吉

表 10-25 QA 管理表（2/3）

期望回答日	标题	内容	回答内容
2017/1/24	时间处理包未导入	DateTime dateTime = new Date-Time()；编译错误	各工程中，需要导入 joda - time - 2.8.2. jar

表 10-25 QA 管理表（3/3）

回答者	回答时间	是否需要周知	周知管理编号	确认者	确认时间	备考
颜廷吉	2017/1/23	是	Z0001	周伟鹏	2017/1/23	

其中，状态、阶段、分类、是否需要周知、紧急度都有选项卡，如表 10-26 所示。

表 10-26 QA 管理表选项卡内容一览

状态	阶段	分类	是否需要周知	重要度	优先级
1：起草中	1：外部设计	1：共通问题	1：是	L：大	1：特急
2：回答中	2：内部设计	2：式样问题	2：否	M：中	2：急
3：确认中	3：编码	3：技术问题		S：小	3：高
4：取消	4：单元测试	4：其他			4：中
5：保留	5：结合测试				5：低
6：结束	6：系统测试				

10.3.3 周知管理表

周知管理表是开发过程中，各阶段发现的问题（设计标准变更、编程方法变更、横展开应对等）需要对全员进行通知的管理表，如表 10-27 所示。这个周知管理表非常重要，在实践中，很多故障或者失误都是因为周知不彻底引起的。

表 10-27 周知管理表（1/2）

管理编号	状态	阶段	分类	重要度	优先级	作成者	作成时间	周知对象
N00001	2：应对中	3：编码	1：共通问题	M：中	4：中	颜廷吉	2017/1/23	1：全员

表 10-27 周知管理表（2/2）

完成日	标题	内容	备考
2017/1/25	时间处理包未导入	各工程中，需要导入 joda-time-2.8.2.jar	

其中，因为每个周知的影响范围不一样，所以对于每条记录都需要一个影响范围一览，Excel 的 Sheet 名称（例如：N00001）也要用周知编号进行命名，以便查询，如表 10-28 所示。

表 10-28 影响范围一览

编号	业务 ID	业务名称	状态	完成者	完成日	确认者	确认日	备考
1	DL	登陆	4：结束	周伟鹏	2017/1/23	颜廷吉	2017/1/23	
2	TC	退出	应对中					

其中，状态、阶段、分类、紧急度、周知对象、应对状态都有选项卡，如表 10-29 所示。

表 10-29 周知管理表选项卡内容一览

状态	阶段	分类	重要度	优先级	周知对象	应对状态
1：起草中	1：外部设计	1：共通问题	L：大	1：特急	1：全员	1：未应对
2：应对中	2：内部设计	2：式样问题	M：中	2：急	2：共通组	2：应对中
3：确认中	3：编码	3：技术问题	S：小	3：高	3：业务组	3：不要应对
4：取消	4：单元测试	4：其他		4：中		4：结束
5：保留	5：结合测试			5：低		
6：结束	6：系统测试					

周知的来源很多，其中对评审或者测试时发现的问题进行周知的情况最多。图 10-5 所示为其相互之间的互动示意流程图。

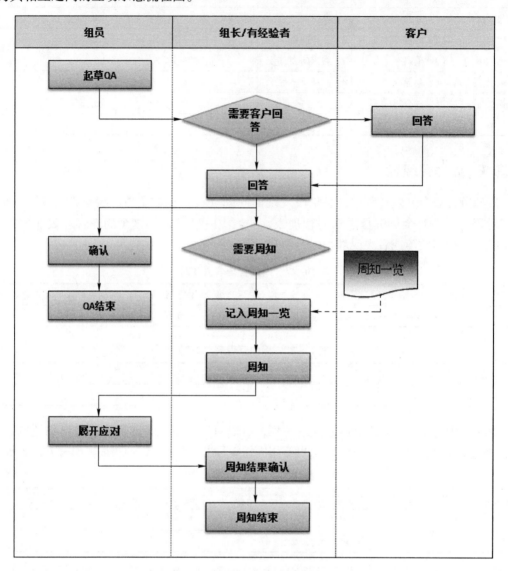

图 10-5　QA 与周知关联流程图

10.3.4　课题管理表

课题管理表是开发过程中对各阶段出现的需要以课题形式对问题（issue）进行管理的工具，此时的课题又称为"残留事项"，如表 10-30 所示。

课题管理表又分为项目内管理表与项目外管理表（客户联系用管理表）。为了尽快解决出现的问题，必须对其课题进行期限管理。特别是客户管理表，要在定期会议中及时确认与汇报。

表 10-30　课题管理表（1/2）

管理编号	状态	阶段	分类	重要度	优先级	作成者	作成时间	预定解决时间
I00001	6：结束	3：编码	1：共通问题	M：中	4：中	颜廷吉	2017/1/23	2017/2/23

表 10-30　课题管理表（1/2）

标题	内容	状况·结果·决定事项	完成日	备考
批处理方式	批处理方式同步还是异步未定	异步方式	2017/1/27	

其中，状态、阶段、分类、重要度及优先级选项卡的内容与表 10-29 一样。

及时解决残留事项

残留事项如果一直拖延不解决，错过最佳解决时机的话，很有可能会引起大量返工从而给项目造成很大损失，因此要及时解决残留事项。

10.3.5　发布管理表

发布管理表（Release），是在编码完成之后对各个环境进行发布管理的工具，如表 10-31 所示。

表 10-31　发布管理表

管理编号	状态	类别	发布环境	发布者	发布日期	发布时间	概要	发布文件一览	备考
R00001	4：结束	1：联机	1：UT环境	颜廷吉	2017/1/23	10：00	B0001 修改发布	Login. java	
R00002	2：发布中	1：联机	1：UT环境	颜廷吉	2017/1/23	10：00	B0002 修改发布	LogOut. java	

其中，状态、类别、发布环境的选项卡内容一览如表 10-32 所示。

表 10-32　发布管理表选项卡内容一览

状态	类别	发布环境
1：准备中	1：联机	1：UT 环境
2：发布中	2：批处理	2：IT 环境
3：取消	3：其他	3：ST 环境
4：结束		

10.3.6　问题管理原则一：期限管理

软件开发过程中会发生各种各样的问题，快速有效解决这些问题的方法有两个：一个是"期限管理原则"，另外一个是"一元化管理原则"。

期限管理就是根据问题优先级制订不同回答期限的管理方式，如表 10-33 所示。如果未及时回答，就需要采取其他措施，如：当面确认或以电视电话会议、邮件等方式催促，必要时可向上级汇报，以尽快解决问题。

表 10-33 期限管理

编　　号	优　先　级	回　答　期　限
1	特急	8 小时
2	急	12 小时
3	高	1 天
4	中	3 天
5	低	1 周

进行期限管理时，需要注意以下事项（以故障单为例进行具体分析）：

（1）确定回答期限。故障单制成后，解析小组（一般为开发组）要尽快对故障进行实际故障与非实际故障分类，然后确定回答期限。特别是在 IT 测试的后期，往往会检测出比较复杂的故障，此时的回答一般需要比较长的时间。

（2）尽早应对。故障修改后，如果不尽早进行再测试，那么测试就无法如期完成，这样往往会影响项目进度。因此，对于故障要尽早应对，不要滞留。

期限管理的适用范围包括错误管理表、故障管理表、QA 管理表、课题管理表、周知管理表等。这五类表都涉及解决问题的期限，因此都需要灵活运用期限管理。

10.3.7　问题管理原则二：一元化管理

一元化管理原则是指要对问题进行分类统一管理，其包含以下四点内容：

（1）提出问题的分类要明确。

（2）所有问题要有统一管理编号。

（3）不能提出重复的问题。

（4）完成者即责任者，需要对问题本身进行有效管理。

这个原则非常重要，在实际工作中一定要遵循。如果不对各种问题进行有效管理就会产生混乱，不但影响效率，而且容易形成"破窗效应"，进而影响士气！

完成责任者的有效管理包括各种报告单的催促、回答、确认、周知、关闭等工作。其中是否需要周知，首先要自己判断，之后向项目组长汇报。如果项目组长断定的确需要周知，那么就由他负责将其记入周知一览并进行管理。

对问题进行一元化管理的统一管理编号一般为 6 位，第 1 位为相应英文单词第一个字母，第 2~6 位为数字。如表 10-34 所示。

表 10-34　管理编号一览

编　　号	管　理　表	管理编号范围
1	错误管理表（Wrong）	W00001 ~ W99999
2	故障管理表（Bug）	B00001 ~ B99999
3	设计品质管理表（Design）	D00001 ~ D99999
4	测试品质管理表（Test）	T00001 ~ T99999
5	QA 管理表（Question）	Q00001 ~ Q99999
6	周知管理表（Notice）	N00001 ~ N99999
7	课题管理表（Issue）	I00001 ~ I99999
8	发布管理表（Release）	R00001 ~ R99999

10.4 其他管理工具

10.4.1 Q7 工具

Q7 即 QC（Quality Control）七工具，是日本企业在品质管理中总结出的 7 种用于**数据分析**的重要常用工具，如图 10-6 所示。

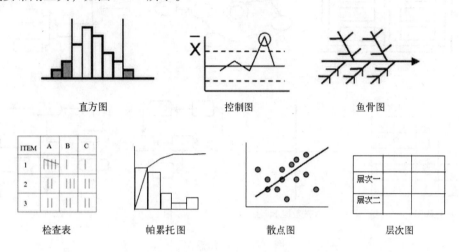

图 10-6 Q7 示意图

对于 Q7 技术，每一位 IT 人员都应该吃透并适时使用，如果不掌握，那么在什么情况下应该用哪种手法进行分析就会不知所措，其技术要点可参照表 10-35。

表 10-35 Q7 要点

编号	名称	核心用途	要点分析
1	直方图	分布把握	用于显示长度、重量、时间、硬度等数据分配的技术手法，从直方图可以看出数据的整体趋势，进而分析因果以及找出改善点
2	控制图	工序管理	工程是否处于安定状态的调查以及用于保持安定状态的技术手法，使工程中的数据可视化，更容易进行管理
3	鱼骨图	原因追究	又称"特性要因图"，品质的特性与要因关系的表现技术手法，用于现象、原因、对策等内容的整理，是分析原因与结果的最佳手段
4	检查表	点检记录	根据数据分类项目，统计分布情况的技术手法，较容易记录与整理数据，以发现问题
5	帕累托图	重点指向	对不良、欠缺点等进行原因分析、状态区别、位置区别等，进行阶层化表现的技术手法，以确定重点方向来找出进行解决问题的突破口
6	散点图	关系把握	了解两种成对数据关系的技术手法，根据其数据的影响度，进行针对性的品质改善
7	图表	数据视觉化	又叫"分类法"。它是按照一定的对象，把收集到的大量有关某一特定主题的统计数据加以归类、整理和汇总的一种方法，比较层次之前的全部品质分布和分层次以后的品质分布，其目的在于找出影响品质的原因或对品质的影响程度，从而找出对策

10.4.2   N7 工具

N7，即新 QC 七工具，也是日本企业在长期品质管理中总结出的**基于语言信息**，用于明确问题本质时采用的有效的 7 种有效常用工具，如图 10-7 所示。

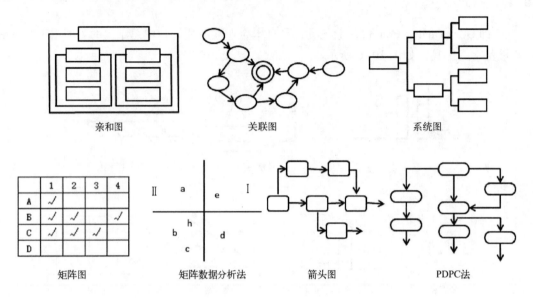

亲和图　　　　　　　关联图　　　　　　　系统图

矩阵图　　　矩阵数据分析法　　箭头图　　　PDPC法

图 10-7　　N7 示意图

N7 是在品质管理的 PDCA 圆环图中的 P 阶段即计划阶段使用的工具。其可以有效解决凌乱问题，充实计划，防止遗漏与疏忽，是品质管理发展到基于预防阶段时产生的新的分析手法，其技术要点如表 10-36 所示。

表 10-36　　N7 要点

编号	名称	问题形式	核心用途	要点分析
1	亲和图	哪些有价值	厘清问题	整理各种错综复杂的语言数据汲取有价值信息
2	关联图	为什么会如此	厘清问题	把关联性进行图表化，并在厘清复杂问题关系的过程中掌握问题
3	系统图	有什么方法	展开方案	系统地寻求实现目标的手段
4	矩阵图	甲与乙的关系如何	展开方案	多角度考察存在的问题，明确问题和原因等变量关系之间的关联性
5	矩阵数据分析法	哪个变量最重要	实施计划	即主成分分析法，多变量转化少变量数据分析手法
6	箭头图	时间顺序如何	实施计划	在工程管理过程中实行计划的时候使用，以合理制定进度
7	PDPC 法	如何预测	实施计划	过程决定计划图（Process Decision Program Chart），预测设计中可能出现的障碍

10.4.3   Q7 与 N7 的关系

品质控制是在事实的基础上通过收集各种描述资料进行的。在对这些资料进行数值整理之前（在设计时），利用语言信息在计划与创意上使用的手法就是 N7；而在得到数据之后，在分析问题的原因与寻找解决方法时所使用的技法就是 Q7，其关系图如图 10-8 所示。

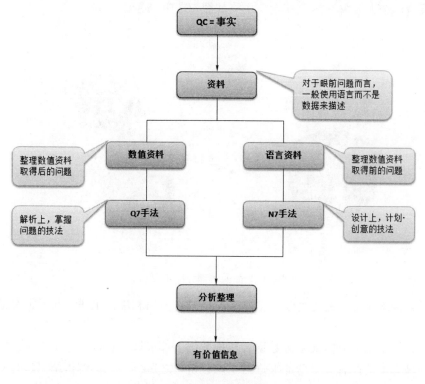

图 10-8　Q7 与 N7 的关系图

Q7 与 N7 在分析角度、分析对象及使用时机等方面的对比关系如图 10-9 所示。

图 10-9　Q7 与 N7 对比

10.5　品质管理专家

品质管理专家是 365IT 学院开发的品质管理工具，是进行项目品质管理的重要工具。本书的品质管理相关理论与技能在品质管理专家里都有体现。

该工具提供以工程为单位的错误管理、故障管理、QA 管理、周知管理、课题管理、问题处理的智能提醒、品质实时状态查询、智能预警、自动智能分析，同时可导出各种品质分析报告以进行智能品质管理。另外，还可以通过大数据技术分析每个人参与的所有项目，根据分析结果给出个人改善方案，其主要功能如图 10-10 所示。

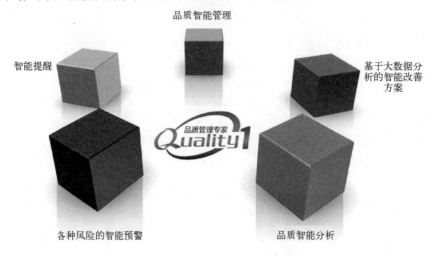

图 10-10　品质管理专家主要功能

该工具是为大家提供的免费学习平台，希望读者多加利用，来研习与掌握品质管理各种技能。

注意：因为本工具只需最基础数据，其他数据全部根据算法智能分析得出，对那些有志成为品质管理专家的读者，希望能够进行手动分析，之后再和工具解析结果进行对比，找出差异，分析原因，这样会收获更大。图 10-11 为设计阶段的品质分析效果图之一。

图 10-11　品质分析效果图

小结

本章介绍的品质管理工具都是软件项目开发中非常实用且必不可少的工具。工具以最普通的 Excel 设计方式为例，工作中亦可以采用更加智能的品质管理软件。

错误记述报告单与故障处理报告单是项目小组（多个开发公司）之间或者与客户之间，以专业且高品质的形式进行沟通时采用的方式，而在公司内部进行管理的最佳手段是错误管理表与故障处理表。在项目中可以根据情况进行灵活运用。

另外，在实际项目中，一定要遵循问题管理的两个原则，以快速有效解决问题。进行有效的问题管理是 PM 必须掌握的技能。

练习题

1. 故障的本质有哪些分类？
2. Q7 与 N7 的区别有哪些？
3. 品质管理专家给人们带来的最核心价值是什么？
4. 小规模与中大型规模的品质管理工具一样吗？
5. 环境故障是实故障还是非故障？
6. 亲和图属于 Q7 还是 N7？
7. 做一个错误记述报告单模板。
8. 做一个故障处理报告单模板。
9. 做一个测试阶段品质管理表模板。

第 11 章　完美运营品质

在阅读本章内容之前，首先思考以下问题：

1. 运营时的客户要求（Claim）主要有哪些分类？
2. 运行稼动数据收集的种类有哪些？
3. 再发防止对策有哪些技巧？

11.1　运营品质的重要性

软件产品一旦运营上线，就意味着一个新的"生命"诞生了。这个新生命的健康状况、生命体特征、稼动状况等，在运营过程当中都**必须进行"监护"**。

软件运营品质指的是系统验收完毕，服务提供开始后对系统的运行保障与故障应对，以及对系统改善的吸收等方面的服务品质，又称为"售后服务（After Service）"，主要有以下目的。

（1）纠正错误

对软件产品交付之后发现的不良进行修正。

（2）预防错误

对交付后产品的潜在的不良进行纠正及再发防止。

（3）适应纠正

产品交付之后，因环境或者需求的变化而引起的产品变化的应对。

（4）运行监视

产品交付后，保障其提供正常的服务，并对其运行状况及各种要求应对的服务工作进行监视。

（5）反馈信息

为提高软件以及服务品质，对运营的结果进行分析与评价，并反馈给软件开发团队，找出改善点。

系统运营后和客户的交流就变得非常密切，可以从业务的视角进行各种改善提案、功能增加等下次系统升级开发的研讨工作。这样可以使客户提高信赖感，增强长期合作意向。因此对运营工作要给予足够的重视。

11.2　客户要求

11.2.1　要求的种类

在运营的过程当中，客户会通过各种方式提出各种要求。从客户的立场来看，要求主要分为**抱怨、期望、咨询**3种形式。另外，从开发的角度对客户要求进行再次分类的话，可以得出表 11-1 所示的分类。

表 11-1　要求的分类

编　号	大分类	小分类		内　　容
1	抱怨	不良	软件不良	式样本身不合理
				动作与式样不一样
			文档不良	操作规范有误
				操作规范遗漏
			其他	提供失误
		用户失误	使用方法有误	误使用式样
				运行环境搭建错误，环境参数设定错误
				输入错误
				操作错误
		其他	硬件不良	硬件原因
			其他软件不良	其他软件产品不良
			与式样一样	指摘失误
			原因不明	不可再现
2	客户期望事项	功能改善		最终用户使用条件一致的功能改善
				互换性提高
		性能		处理速度改善
				计算精度提高
				使用资源减少（内存、硬盘）
		使用性		提高操作性
				提高理解性与易学性
				降低安装难度
3	咨询	业务咨询		业务逻辑不清楚需要确认
		数据调查		数据调查与抽取

　　对客户提出的这些要求，根据公司的实际情况要做出紧急联络图及应对流程图，并按照标准流程进行应对。

11.2.2　要求的特征

　　要求有**三大特征**，分别如下。

　　（1）要求的半数以上是客户的失误或咨询

　　根据过去的统计信息，客户的失误与咨询事项占到要求总数的 40%～60%。因此，对客户的失误与咨询事项要给予足够的重视。

　　（2）要求符合 80-20 法则

　　大部分的不良都集中在特定（20%）的客户那里，这些占到总体不良的 80% 左右。因此就可以根据这种规律抓住要点，掌握应对客户抱怨的技巧。

（3）软件不良符合海因法则

海因法则是美国著名安全工程师海因里希（Herbert William Heinrich）提出的 1:29:300 法则。一件重大的事故背后必有 29 件轻度的事故，还有 300 件潜在的隐患。因此发现重要故障的时候，也要注意同性质的分散的多个小的故障。

11.2.3　要求处理规范

标准的要求处理规范是按照时序来排列的，大体可以分为受理、调查、修正、确认与汇报等步骤。

（1）受理

受理客户提出要求的方式有很多，这里面最重要的一点就是不能漏掉客户的任何期望。根据要求的种类不一样，可以事先设计好各种标准受理报告单，以便沟通与管理，如故障处理报告单、QA 管理表等。

（2）调查

受理之后，根据要求的紧急程度、重要程度等进行区分应对。进行调查时要注意以下事项。

① 早期发现客户的失误。

即使是客户的失误，在原因判明之前，该客户也会一直认为是软件问题导致的，因此就需要早期发现客户失误。

另外，在运营过程中，对过去的要求事例进行整理时，要对客户失误率高的事例进行归纳，如果运用得当，则是早期判断客户错误的一个很好的手段。

② 发现不良的统一管理。

产品上线后发生的故障，对客户来说防止再次发生是最为重要的事情。有些产品新版本发布后，更新与否取决于客户（例如：APP 新版本更新），因此对所有不良进行早期登录，统一管理，同时记录解决方案，这在运营中是非常重要的管理手法。

③ 回避方案。

回避方案从大的方向来说有两个，一个是业务上回避，就是客户在操作规范上进行回避；另外一个就是需要修改程序。要根据具体系统业务特征与故障情况进行权衡应对。另外，如果是需要停止服务才可以解决的重大故障，则需要用最少的时间解决，以尽快再启动服务。

④ 原因解析。

原因解析的方法有很多，其中"分段排除法"，是一种非常重要的软件故障调查方法。例如，一部分远程计算机访问不了系统主页。那么如何找出故障原因呢？

首先进行一次切分解析，找出最有可能发生故障的位置，是远程计算机的原因，网线原因，网络代理原因，还是路由器原因？排查过程如图 11-1 所示。

假如此时初步判断故障的原因为路由器故障，这就是一次切分解析。此时需要联系路由器的运营维护者，由他们进行二次解析，来判明路由器内部的具体故障。

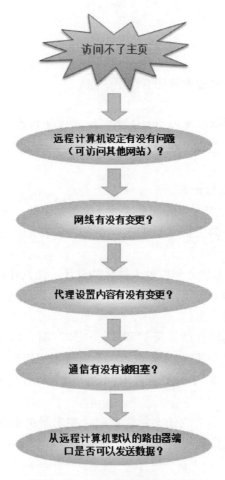

图 11-1　一次切分故障排查过程

⑤ 影响范围。

对于本次应对所涉及的代码、文档，与本系统相关的其他功能，如批处理、报表，以及对其他系统的影响等，都需要做出明确的影响分析。

（3）修正

① 代码修正。

修正要在充分调查的基础上进行，要对修正前后的变化进行对比分析，避免二次故障。

② 文档修正。

文档修正包括式样、操作规范等与本次修改相关联的一切文档。

（4）确认

确认的流程与开发时的流程一样，都要经过单元测试、结合测试、系统测试阶段。由于系统是在运营中，因此更需要谨慎对待。然而，现实中往往在 UT 环境下测试成功后就把产品提交给客户了，这种偷工减料的做法很容易引起二次故障，一定要杜绝。

（5）汇报

故障处理完毕，在与客户的定期汇报例会上，对本阶段的所有要求的应对情况都要进行详细的汇报。这样可以让客户认可应对内容，更重要的是建立更好的信任关系，提高客户的满意度。

11.2.4　抱怨应对技巧

从实践中总结的**抱怨应对重要技巧**有以下 3 点。

（1）客户失误的应对

在很多项目管理中，客户的失误应对完毕，往往就过去了。然而，这种客户失误是给开发者上的最好、最直接的一堂课，也从另一方面反映了系统的潜在问题。因此要进行如下应对。

① 收集客户的失误并进行记录。

② 对于客户反复发生的失误，设计上应该有改善的余地，所以需要进行以下探讨。

➤ 需要在如何防止客户的失误上下功夫（例如：操作的标准化、向导功能的强化与智能化等）。

➤在客户容易发生失误的地方利用更人性化的设计，让其知道如何进行下一步操作（例如：强化客户动作检查与错误原因提示）。

（2）和式样一致的应对

当分析客户的要求，其回答结果是"和式样一致"时，对于这种要求，很多处理流程基本也是应对完毕就过去了。其实，PM 或者营业负责人应该对此以客户的角度来反思与讨论——是否真的"和式样一致"，是否式样有问题，以期待有改善措施。

（3）原因不明的应对

对于原因不明的要求，不要放任不管，要记录在未解决事项或者课题表里，并时时留心，以期待某个时候能够收集到相关线索，找到解决方案。

11.2.5　故障解决技巧

对于客户要求的解决技巧，表 11-2 进行了总结，可以打印成卡片放在桌上，以便随时查阅。

表 11-2　故障解决技巧

编　号	项　目	要 点 分 析
1	明确事实	① 确认收集到的信息 ② 推定客户遇到的故障程度 ③ 判断是否需要出差到客户现场调查
2	明确原因	① 特定程序故障地点 ② 把握不良原因 ③ 调查过去类似不良事例 ④ 调查其关联功能或者软件的影响
3	谨慎处理	① 判断是否需要暂定处理、回避策略的联络（如系统稼动时间的缩短） ② 修正不良（防止 Degrade）
4	防止对策	① 不良注入的原因分析 ② 设计开发流程的改善（如检查项目与测试项目的追加）

另外对发生的故障要**进行重要度与优先级的划分**，不要眉毛胡子一把抓，否则不但自己会很累，往往也会让客户很迷茫，降低对本公司的信任度。

对运行时发现的故障应对需要采取期限管理，因为运营期的故障应对需要谨慎而为，不要仓促行事，要给应对留出合理的、足够的时间，如表11-3所示。

表11-3　故障解决期限

项目　影响度		①特大	②大	③中	④小
设定基准	故障时对系统的影响度	无法继续运营	可以继续运行，但是只有有限功能可用	可以继续运行，但是操作员或者业务的一小部分使用受限	正常运行没有什么影响，几乎不需要加上运营限制条件
	故障例子	死机	特定批处理不完，后续功能无法使用	部分子系统批处理出现问题，恢复前无法使用	错误消息内容，错字等
对应基准	恢复措施（目标）	1日以内	3日以内	2周以内	一个月以内

经典案例十五：客户随口要求应对

某项目程序员在电话里回答客户的一个问题时，客户顺便提出了一个很小的修改要求，程序员立即答应，并随即进行了代码修改。

案例分析：

这种情况是运营维护时经常发生的一种非正规应对现象。应对要点如下。

① 对于客户的非正式要求，要谨慎回应，并留下证据。

② 要按照标准程序操作，不能擅自修改代码。

正确做法：程序员要详细了解客户需求，走正常流程——写下修改内容，并向PM汇报；用邮件与客户进行修改内容确认；经过客户书面承认且PM下达修改指示后再着手应对。

11.3　运营数据收集与分析

系统运营期间，要规定数据信息的收集制度，定时（一个月或者一个季度等）抽取与维护品质及改善相关的数据。数据的抽取是品质管理工作的一个环节。对数据进行分析评价，并做出改善方案。

运营数据收集内容包含以下5点。

① 故障处理报告单信息。

② 客户投诉信息（使用不便、操作不规范、业务处理不当等）。

③ 客户咨询（调查请求、使用方法等）。

④ 改善希望（性能、扩展性、安全性等）。

⑤ 式样变更（式样的不良、式样的改善）。

11.3.1　运行稼动分析

运行稼动状况分析，主要工作是对系统"健康"状况及维护情况的把握，并对发现的问题点进行反馈。系统的"监护"信息记录，可以为后期系统运营提供参考，为下次系统升级开发提供建议。表11-4描述了系统运行中的各项稼动数据算法，根据实际情况与客户讨论后，选择必要的项目实施并定期汇报。

表11-4 稼动数据算法一览

品质特性	品质子特性	内　　容
信赖性	共通	稼动率＝稼动时间/（稼动时间＋非稼动时间）
	成熟度	① 平均故障间隔＝总稼动时间/运营故障件数 ② 故障率＝故障件数/稼动时间 ③ 故障发生率＝故障件数/期间 ④ 故障发生密度＝故障发生件数/代码总数
	故障容许度	① 系统停止发生率＝系统停止次数/运营故障件数 ② 平均死机次数＝宕机次数/月 ③ 平均死机间隔＝稼动时间/（死机次数＋1）
	恢复性	① 平均恢复时间＝每次系统停止起到服务再开时间的总和/死机次数 ② 平均故障对策时间＝总故障时间/故障件数
可维护性	解析性	平均故障解析时间＝总故障解析时间/故障件数
	变更性	平均故障修正时间＝总故障修正时间/故障件数
	安定性	① 错误混入率＝修改变更时混入的错误件数/变更代码行数 ② 修正失误率＝修正变更失误/修正变更件数

11.3.2　再发防止对策

对同一原因引起的故障（二次出现）及对客户的各种调查应对等，需要制定必要的再发防止对策。

故障应对完毕并不是事情的结束，还要认真讨论其是否会再发，是否需要防止再发，再发防止讨论是否彻底。

潜在的不良及容易引起的故障预测，都是再发防止的对象。另外，流程改善就是找出开发团队自身的弱点并实施改善对策，这是流程改善的核心。

在实践中，有以下两种比较有效的常用再发防止对策。

（1）定期举行再发防止检讨会

检讨会的目的不是为了指责某个人，而是要进行集体反省，找出改善对策，进一步提高服务品质。

（2）实施"为什么－为什么"分析（Why－Why）

"为什么－为什么"分析也称作"五问法分析"。它是一种诊断性技术，用来识别和说明因果关系链，是寻找直接原因、间接原因直到根本原因的技术过程。之后对这些原因再制定出改善对策（临时对策、治标对策、治本对策）并实施，进而提高品质分析改善方法，如图11-2所示。

五问法最初是由丰田公司的大野奈一在一次新闻发布会上提出的，之后在丰田公司广泛采用，因此又称为"丰田五问法"。五问法在日本公司应用广泛，其分析过程就是不断提问为什么前一个事件会发生，直到回答"没有好的理由"或一个新的故障模式被发现时才停止提问，也就是古人所说的"打破砂锅问到底"的形式。通常需要5个"为什么"才可以分析到位，一旦看清了问题的本质原因，就相当于解决了八成的问题。

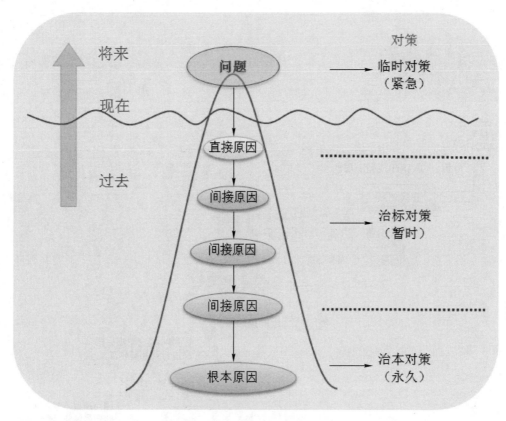

图 11-2　五问法分析示意图

从实践中总结的**五问法分析的重要技巧**有以下 3 点。

① 分析的对象要从原因转向本质。

② 分析的视角要从意识转向行动。

③ 分析的主体要从个人转向集体（例如：防呆设计、流程改善）。

经典案例十六："为什么 - 为什么"分析

某协力公司在递交成果物时，客户对成果物的文件属性提出了指摘———部分 Java 文件的属性带有字节顺序标记 BOM（Byte Order Mark），客户的验收环境中编译不通过。而且在后续代码提交时，也时常有文件带有 BOM。此时客户要求进行"为什么 - 为什么"分析。

某协力公司 PM 进行了如图 11-3 所示的五问法分析。

找出各种原因之后，进行了如图 11-4 所示的对策改善。

案例解析：

本案例是一个典型的软件开发领域的问题。这里组织全员教育，流程上增加品质项目检查表等一系列改善措施：临时对策——把已经交付的代码全部展开，去掉 BOM 属性；治标对策——对全员进行教育，在文件生成时去掉 BOM 属性；治本对策——再次确认客户成果物要求，在流程上增加检查项。这样就有效防止了 BOM 问题的再发。如果不找出根本原因，不从源头来防止，不采取增加检查表项目等措施，那么还会因个别组员的疏忽而再发生。

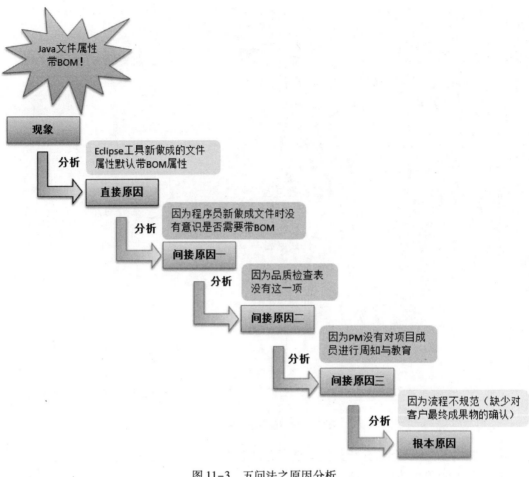

图 11-3　五问法之原因分析

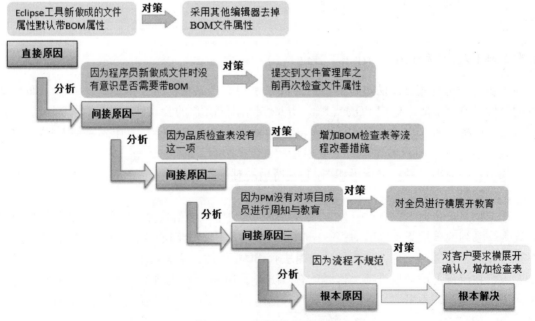

图 11-4　五问法之对策分析

11.3.3 故障实例集

将发生故障的信息进行记录，把这些信息利用起来，同样的故障应对起来就会很容易，对故障事例进行整理，让程序员时常阅览。

11.3.4 警示集锦

俗话说："吃一堑，长一智。"，每一次的应对都是对自己的一次训练，也是后继者的学习材料。因此在平时的运营中要勤于整理这些典型的案例。把这些原因的调查、分析及解决方案等一连串的宝贵经验编成警示集锦。这样可防止同样的问题再次发生，亦可作为下一期系统开发时的重要参照信息。

另外，让程序员把棘手的事例提炼出来进行总结，给后续程序员留下宝贵经验。

小结

本章系统总结了运营维护时应该注意的各种品质管理工作，同时分析了运营中经常遇到的问题及最佳解决方案。这些知识与技能都需要在实践中加以磨练与领悟，才可以高品质、高效率地进行系统运营的各项工作。

系统运营是一项很重要的工作，ITIL（国际 IT 服务管理专业资格认证）是目前国际上针对 IT 运营的资格认证，在海外，特别是美国、日本、印度等软件发达国家，都比较重视这个认证考试。相信在不久的将来，我国也会越来越重视系统运营。

练习题

1. 抱怨应对技巧有哪些？
2. 在平时的运营维护中发现了一个很小的代码问题，就随手给修改了，这样可以吗？
3. 修改本次故障时发现潜在的其他故障，此时应该怎么办？
4. 计算机组装线上，本来应该拧紧的螺钉因为设备问题没有拧紧，造成了一批次产品的不合格。尝试使用五问法进行原因的分析。

第12章　完美自我修炼

在阅读本章内容之前，首先思考以下问题：

1. 为什么要进行自我修炼？
2. 修炼的种类有哪些？
3. 架构师的成长误区有哪些？
4. 为什么需要有全球化意识？

12.1　修炼的重要性

软件开发行业与其他行业相比有其特殊性，是一个要求具有高综合素质与技能的领域。在实践中，很多程序员往往会被抱怨"学习不足""不能胜任""沉浸在自己的世界里——宅男"。这有很多方面的原因，其中最重要的就是公司没有建立系统完善的个人培训体系。

软件开发工作对个人的依赖性比较大，因为整个过程都是用人的智慧与技能来做出成果物的，因此对人的教育就尤为重要。从图12-1所示的对整个软件产品不良的分析结果来看，综合素养教育与技术教育的重要性一目了然。然而，现实中这两种教育却远远不足。特别是我国的应试教育，使得人们在学校学到的许多知识到社会上用不上。如果想找一份称心如意的工作，就必须进行二次"回炉"——到社会上参加各种费用高昂的技能培训。目前国家大力提倡"工匠精神"，因此进行**软件人员的综合素养以及职业技能的培训势在必行**！

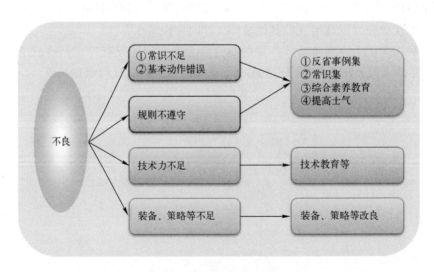

图12-1　产品不良分析

12.2　修炼的思维

每个人都需要挑战自我以激发热情，提高工作技能来获得满足感和成就感。另外，环境的改变也要求人们与时俱进，跟不上时代的步伐就意味着被淘汰。因此要有自我修炼的紧迫感。

（1）修炼的核心

修炼的核心是防患于未然，创造一个能预测未来的环境，使自己能够具备所有必要的才能，这样方可立于不败之地。

（2）修炼的种类

① 事前改善：在问题发生之前进行自我改善的修炼——在工作中，每个人都需要改善自己的工作技能，这是个人的努力。

② 事后改善：在问题发生之后进行亡羊补牢的修炼——当开发过程中发生太多的不良或者客户抱怨时，改善自己的工作技能，这是集体的努力。

（3）修炼的观念

① 抛弃固定观念。

这是修炼的前提。不破则不立，用原有的眼光和固定思维模式去看待问题的人，永远也不可能有进步。旧的观念不抛弃，新的思想就没有驻足的空间——修炼从否定现状开始。

② 大胆假设，小心求证。

好的想法不会一开始就完美，用种种理由去否定它，也许就扼杀了创造的萌芽。

③ 能做的先做，不要等到万事俱备。

等待是不会产生任何价值的。再好的想法，不付诸实践，跟没有想法是一样的。

④ 发现错误，立即纠正。

发现有问题立即进行纠正。要做到这一点，必须时时关注修炼的进度。自身修炼也是PDCA 循环过程。

⑤ 目标设定，合情合理。

从实践中总结的**目标设定的重要技巧**有以下 4 点。

➢ 目标要依据实际情况制定。

➢ 目标不要太多，5 项内即可，太多会导致注意力分散，反而难以达成。

➢ 目标应该具体明确，最好有可量化的具体数字。

➢ 定期评估目标实施效果。

⑥ 适应环境。

适应项目需求，每个公司的项目开发习惯不一样，甚至同一个公司的不同项目所要求的开发标准也不一样。因此要舍弃自己的个人癖好，适应项目开发需求。

12.3　修炼的种类

修炼的种类有 3 种：教养、培训与教育。

（1）教养

教养不仅是教与学，而是要养成好的习惯与为人处世的基本道德素养。在工作中，教养学习的一个最主要形式就是 OJT（On the Job Training）。在实施 OJT 时，如果发现共通性的问题，那就需要统一思想，及时召开会议进行说明。

（2）培训

培训是知识与技能的传授，是把品质注入技术、品质评价技术、品质验证或问题解决技术等传授给学员。为此，给学员进行讲解，演示给学员看，再让学员尝试着练习，对练习的结果进行检查，并帮助纠正错误等所进行的一系列工作，类似手把手的培训。对于开发者来说，本书其他章节就是必要的培训教程。一般的培训流程如图 12-2 所示。

（3）教育

教育就是启发。在培养学员的过程中从学员的实际出发，采用多种方式，以启发学员的思维为核心，调动学员的学习主动性和积极性，促使他们主动、生动活泼地成长。

12.4 修炼的方法

图 12-2 培训流程图

12.4.1 思维十二法

一道数学题，可能只有一种解答方法，但是实际工作中遇到的问题却有许多解决方法，如何选择最佳的一个呢？思维十二法能够引导人们穿越思维的丛林，寻找最完美的方法，如图 12-3 所示。

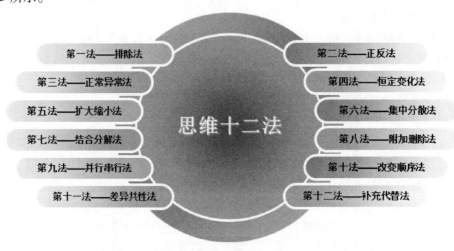

图 12-3 思维十二法

（1）第一法——排除法

如果能达到目的而无须做一项特别的工作，那么就不必做它。例如：做选择题时，有些选项不知道是否正确，但是另外选项知道一定不正确，这就用到了排除法。

（2）第二法——正反法

正反法是可以从相反的观点看到目前做事的方法。例如：日本是多火山地震的国家，但是由此而带来的温泉名胜也很多。

（3）第三法——正常异常法

寻找并管理异常往往会比正常容易。例如：清点缺勤者人数总比清点出勤者人数容易。

（4）第四法——恒定变化法

人们可以用不同的方法来对待恒定和变化，以减少管理难度。例如：公司员工的薪水基本都是由两部分组成，一部分是固定的，一部分是变化的，那么只需要确认变化的，就知道自己的薪资水平。

（5）第五法——扩大缩小法

在许多场合，事物太大或者太小都是问题，需要找到中庸之道。例如：人们需要用放大镜来看小物体，需要折叠大物体来做更细小的工作。

（6）第六法——集中分散法

人们可以从一个特殊的角度看待现象，把项目分类成某些单元。例如：邮递员把相同或者相近地址的信件放在一起邮递。

（7）第七法——结合分解法

人们可以把一组工作结合成一个整体。例如：如果有一个需要捡起的螺钉，并把它安装在板上，此时可以用一把既可以捡起螺钉又可以把它上紧的带磁性的螺钉旋具。

（8）第八法——附加删除法

人们可以通过多次的小步骤的附加与删除某些东西来解决问题。例如：厨师进行炒菜时，多次少量添加各种调味料来调整味道。

（9）第九法——并行串行法

人们可以按照并行或者串行来安排自己的工作。例如：软件开发中，并行开发业务代码与系统基盘架构。

（10）第十法——改变顺序法

逆反顺序也许是更好的解决方案。例如：吃饭与洗澡几乎是每个人每天必做的事情。如果先洗澡再吃饭，就会发现饭后一身汗，还需要再洗一次。但是如果反过来，就会很清爽，同时也节约时间与水电。

（11）第十一法——差异共性法

如果人们找到了差异或者共性，那么就会看到解决问题的方法。例如：如果需要寻找一定大小的球，那么可以设计一种球大小的工具来过滤，这样通过装置过滤后的球就是所要的结果。

（12）第十二法——补充代替法

人们可以根据自己的实际情况补充或者代替工作项目。例如：如果工作可以由机器人来代替，这样就可以进行自动化处理。

12.4.2　QC楼层改善法

自身的改善往往很难一步到位，因此可以分为小单位步骤进行提高，即使用QC楼层改善法。

QC楼层改善法是改善活动中的一系列的阶梯，如图12-4所示。

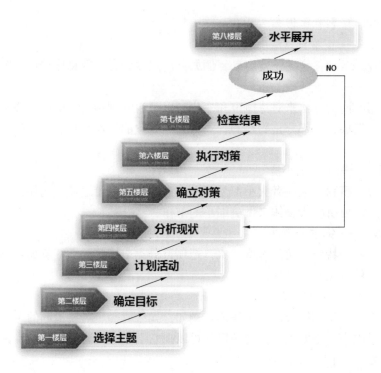

图 12-4　QC 楼层改善法

12.4.3　问题解决八步法

解决问题需要做准备工作，就如同攀登珠穆朗玛峰，需要做很多准备工作一样。虽然工作是多种多样的，但是原理是相通的，以下 8 个步骤就是常用方法。问题解决八步法如图 12-5 所示。

第一步——把握问题

产品的品质不符合预期就要进行调查，并列举出所有问题。

第二步——选择问题

把所列的问题区分优先主次，并确定哪个是关键问题。

第三步——分析问题

分析问题，查明品质是如何变化的，即在哪个阶段中造成的问题。

第四步——观察问题

观察在第三步识别出的阶段，找出真正造成问题的原因。

第五步——分析问题

在原因和产品品质上收集数据，并调查原因和结果。

第六步——实施对策

图 12-5　问题解决八步法

在找到具体原因后，分析对策，找出最佳方案并实施。

第七步——检查效果

对策实施后，就要确认最终效果是否到达了预期的目标。

第八步——修订标准

在整个实施过程中会出现很多意想不到的事情，面对这些意外，需要反省目前的工作方法与流程，找出不足，并把这种经验标准化。

其中，第六步里对策的实施，根据实际需要又分为临时对策与永久对策。例如，当客户访问一个页面的某个功能时，发现在某种情况下会出现宕机，而且原因一时不清楚，那么此时就需要采取临时对策——先屏蔽这个功能，之后再讨论分析永久对策。

12.4.4 职场八戒

很多程序员工作很卖力，可是一直得不到升迁，也许以下八戒中的某一项就是其中的主要原因，如图 12-6 所示！

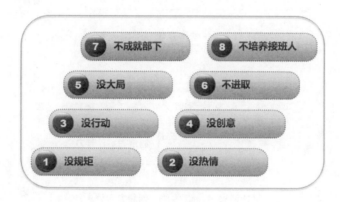

图 12-6 职场八戒

第一戒——没规矩

肆意践踏公司规定——不听劝告者，请离去。

第二戒——没热情

工作无精打采，缺乏热情——死气沉沉者，请离去。

第三戒——没行动

只说不做，语言巨人，行动矮子——爱拍马屁者，请离去。

第四戒——没创意

改善永无止境，需要有个性与新意，要追求完美——小富即安者，请离去。

第五戒——没大局

工作要顾全大局——狭隘主义者，请离去。

第六戒——不进取

比别人先行一步，再向前看两步，多了解三步——原地踏步、墨守成规者，请离去。

第七戒——不成就部下

工作做得好是部下的功劳，不好是自己的过错——独占功劳者，请离去。

第八戒——不培养接班人

不培养接班人，自己的技术就没办法承传——独占其位者，请离去。

 莫要死板工作

工作中不要死板，要发挥自己的主动性与灵活性。有一条红线不要踩，那就是一定要在遵守公司各项规定的前提下进行发挥，否则就会引起反感甚至受到处罚。

12.5　架构师的 7 种修炼

成为一名合格的架构师实属不易，而成为卓越的架构师更是难上加难。虽然艰难，却**有径可循**，而走这条路就需要练就一身的"武艺"。本节介绍的 7 种修炼，正是架构师应该具备的核心"武艺"修炼范围，它们的关系如图 12-7 所示。

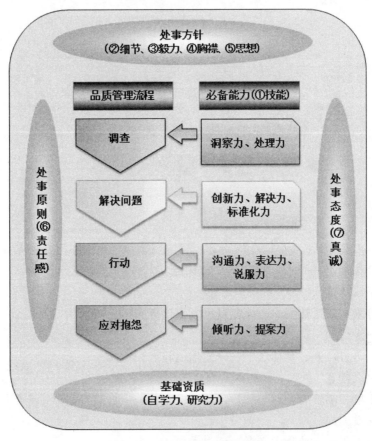

图 12-7　架构师各种能力的关系

12.5.1　技能修炼技巧

七项修炼中，首当其冲的是技能。要成为名副其实的架构师就必须拥有知识的广度与技术的深度——**至少应该精通一门语言**的开发技术，并掌握其技术领域内的相关常用开发工具、系统部署、文档写作能力、标准、最佳实践、安全、硬件常识、网络、中间件、常用框架、系统优化等。这样才可能综合各种技术选择更加适合项目的解决方案。软件架构师应该是项目团队中的**技术权威**。这种技术能力包括以下 9 项。

（1）自学力

自学能力是学习者在没有老师指导下独立学习的能力。俄国文学批评家皮萨略夫曾说："谁要是珍惜有思想的生活，谁就清楚地了解：只有自学，才是真正的学习……"这段话深刻地揭示了自学的含义及其重要性。而且我们身处这个快速发展的时代，技术在不断地推陈出新，要跟上技术发展的步伐必须具有良好的自学能力。

从实践中总结的**提高自学能力的重要技巧**有以下 6 点。

① 大胆质疑。

"学起于思，思源于疑"。质疑是思维的导火线，是自学的内驱力，是探索与创新的源头。培养自己发现问题、提出问题的能力，加强自身质疑能力的培养。正如爱因斯坦所说的："提出一个问题比解决一个问题更重要。"俗话说"小疑则小进，大疑则大进"，因此，要学着不断去质疑、释疑，培养自己的创造性思维能力。在自学中培养自己的科学思维能力，积极地锻炼逆向思维、求异思维、发散思维、大胆怀疑、大胆想象、大胆创新，并能对某些共性的看法或结论提出质疑。

② 整体把握。

把繁杂冗长的知识一层一层地进行梳理，犹如剥洋葱一样，将所学的知识梳理出层次，然后从整体上把握这些知识层次。将其组成一个有机整体，这就是所谓的"先放后收"。它可从两个方面入手。从内容上，自己理出基本知识、基本概念和基本原理。从结构层次上了解其中讲了几个问题，先讲什么，后讲什么；这些问题又是从哪几个层次和角度阐述的，列举了哪些事例来论证的，这部分内容在整个知识体系中处于什么地位，与前面的知识有什么联系等。

③ 简要概括。

简要概括要求建立在整体把握阅读材料的基础上，领会其精神实质。可先对一节或一段内容进行归纳，用一两句话、一两个字概括。随着学习归纳能力的提高，逐步发展为对每章的概括。

④ 抓住线索。

如果知识是珍珠，那么线索就是将珍珠串起来的那根线。自己要去发现所学知识的线索，抓住了线索就抓住了所学知识的脉络。在自学中要注意"三大问题"，即先讲是什么，后讲为什么，最后讲做什么。

⑤ 画出关键词。

线索是学习内容的"网"，关键词则是这张网中的"结点"。在自学中，要求在加深理解的基础上抓住某些"闪光点"，即关键词，将知识高度压缩到认知结构中。在应用时依据线索快速检索出关键词，由此加强自己所学的知识。

⑥ 写读书笔记。

自学完一天规划的内容后写出自己的读后感与体会，来进一步强化所学知识。长此以往定能锻炼自己的思维，自学能力也会得到较大提高。

（2）研究力

研究力是对自己所属领域技术的把握程度，也是对专业度的考量——不要求对各种技术（微软系 C、C ++ 还是 Java 系等）门门都精通，但必须精通自己主攻领域的技术，甚至有所突破。

从实践中总结的**提高研究能力的重要技巧**有以下两点。

① 对技术源码要把握核心代码，提纲挈领（因为精力有限，不可能对所有技术点都研究透彻，但是核心一定要抓住，之后了解其范围，用时再精查）。

② 看技术文档，要看相应的技术帮助文档，因为其最权威，最准确。

③ 定期调查与研究自己领域内的技术发展动向。

（3）创新力

当今社会的竞争与其说是人才的竞争，不如说是人的创新力的竞争。在国家号召全民创业、万众创新的时代，如果因循守旧，不懂得技术创新、产品创新、服务创新、管理创新等，就会渐渐落后于时代。

随着客户自身业务的发展，以及硬件与软件技术的进步，系统本身也需要定期更新。在日本的 NTTDATA 公司，所规定的系统更新标准时间是 5 年，也就是说 5 年后，系统就要重新开发。因此，创新能力对 IT 技术者尤为重要。

从实践中总结的**提高创新能力的重要技巧**有以下 4 点。

① 在对现行技术进行系统权威的调查时，思考其不足与改善点。

② 改善与提高要多角度思维，可以从方法上、流程上、效率上等进行创新。

③ 创新不一定要非常显著，只要有进步就可以，日积月累，量变必然引发质变。

④ 创新中往往是摸着石头过河，失败不可怕，但要善于总结。

（4）解决力

在面对项目组开发过程中的各种技术难题时，不要退缩，要有能找到解决问题方法的能力。解决问题的能力是一种综合技能，需要较高的抽象思维和逻辑分析能力。在日常工作中，不仅要解决自己遇到的问题，也应该在他人有困难的时候伸出援手，这不仅可以帮他人渡过难关，亦可以增加自己的经验，锻炼自己解决问题的能力与信心。

从实践中总结的**提高解决问题能力的重要技巧**有以下两点。

① 问题发生时，不要武断地反射性回答，而要深究现象，挖掘本质。

② 不可能的原因也许就是真正的原因，所以不要轻易下结论。

（5）沟通力

在大中型系统研发中，一个人不可能完成所有的事情。在团队协作中，沟通能力尤为重要。架构师是团队的骨架支撑，担负着各个团队之间进行有效沟通的责任，很多项目故障甚至项目的失败，就是架构师沟通不及时、不到位而引发的。

从实践中总结的**提高沟通能力的重要技巧**有以下 4 点。

① 经常与本部门同事多交流。

② 经常以品质管理员的角色配合并指正本部门同事工作。

③ 积极参加其他部门的品质管理会议。

④ 经常与其他部门的前后辈交互信息。

（6）表达力

表达，是指一个人把自己的思想、情感、想法和意图等用语言、文字、图形、表情和动作等清晰明确地呈现出来，并让他人理解、体会和掌握。很多程序员做技术研究与开发很在行，可是当展示自己的成果或者汇报时就手足无措，不能把成果漂亮地展示出来。这不仅制约了程序员的发展，也使付出的努力得不到认可。

从实践中总结的**提高表达能力的重要技巧**有以下 3 点。

① 做汇报时多用图表来显示内容，简明扼要，一目了然。

② 站在对方的立场来考虑展示内容的深浅与形式，一定要让对方看得懂，看得舒服。

③ 表达时，根据具体情况进行规划，必要时可以进行反复说明。

（7）说服力

在进行产品设计、市场营销或品质不良的再发防止对策说明等活动时，如果没有良好的说服力往往很难得到对方的认可。另外，在实际工作中，消除客户不满、维护公司形象、提升产品品质等，都需要很高的说服力。作为品质管理者，不仅要重视现场开发，更重要的是改善品质；实施这种改善需要有很强的说服力，可以给开发带来增值效果，为公司以及客户带来中长期利益。

丰田汽车公司有一句大家熟知的格言："必死的交流"。意思是说，如果想完成某一件事情，那么首先要把自己的想法彻底地传达给对方，否则个人与团队就不可能很好地配合。

从实践中总结的**提高说服力的重要技巧**有以下 4 点。

① 不仅是自己滔滔不绝地讲述，对方的观点亦要用心聆听。

② 因人而异，对不同的人采取不同的说服方法。如战国时的苏秦合纵、张仪连横，三国时的诸葛亮舌战群儒。

③ 实施改善，要把短期内收效不大，但是从长远来看收益良好的愿景传递给对方，博得对方的认可。

④ 说服对方不需要一蹴而就，可以反复多次循序渐进，最终得到对方赞同。

 彻底交流

为说服各部门，要充分理论武装自己，并和他人进行彻底的交流。

（8）倾听力

当客户发现品质不良进行抱怨时，首先要理解客户的心情。换个角度来说，如果是自己，也许也会发一样的牢骚。这种心情的理解接受力也就是通常所说的倾听力。

在倾听客户抱怨时，如果对客户进行反驳等，就会适得其反。因此，通过客户抱怨的内容了解客户的根本目的，就凸显出倾听力的重要性。

与客户交流时不仅是听，而是要很恭敬地听，且同时让客户感受到重视、理解与关爱。如此才可以进行深入交流，如果能达到这种程度，那就具有通常所说的听德。

听德有五要素，分别如下。

① 适时点头。

不时地在对方说完一句话时轻微点头，是传递在用心倾听的表现。

② 适度提问。

对一些关心的问题进行提问，是传达关爱的表现。

③ 总结要点。

对对方刚才所讲要点的总结，是传达共感的表现。

④ 适当重复。

重复对方所讲部分内容，是对对方所说内容的理解度的反馈。

⑤ 随声附和。

用"嗯""是""的确"等词轻声附和，亦是传递在用心倾听的表现。

另外，对语言以外的肢体语言所表达的含义是否能够读懂，决定了一次交流的成功与否。根据调查，姿势、动作、表情、声调等所传递的有价值信息占据交流信息的55%，因此交流时一定要重视对方的行为动作。听德五要素如图12-8所示。

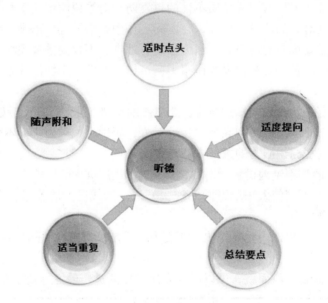

图12-8　听德五要素

从实践中总结的**提高倾听力的重要技巧**有以下4点。

① 在倾听时要全神贯注，全身心来听，让对方感受到"我在真心听您讲"这种真挚的姿态。

② 要配合对方讲话节奏，适时点头或者重复，让对方感觉到其主张从心里被别人所理解。

③ 在对方阐述个人意见的过程中不要随意打断其谈话，等对方全部说完再发表自己的意见——尊重对方。

④ 倾听过程中，要注意理解对方的姿势、表情、声调变化的含义——深度挖掘交流信息。

（9）提案力

对客户的要求进行理解，并把握最新状况，作为公司代表给客户提供可行的解决方案是架构师的一项重要职责。

在提案时，不仅要考虑自己公司的利益，更重要的是要完全把握客户的需求状况，以客户的立场进行提案。虽然一心为客户着想，但未必能得到客户100%的赞同，这时就要进行相应的具体条件说明，把最大的诚意传递给客户。另外，当客户的要求超过公司的承受限度时要委婉拒绝，如图12-9所示。

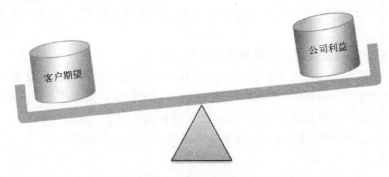

图12-9　平衡利益关系

从实践中总结的**提高提案力的重要技巧**有以下3点。

① 对客户进行解决方案提案时，要以本公司的视角说明能够解决的范围。另外交涉时，要对可能调整的条件进行事前整理。

② 一次提案，客户可能不会认可，那么就要做好多次提案的准备。

③ 不要试图把提案强加给客户，即使客户不认可也要让客户感觉到自己的诚意。

12.5.2　细节修炼技巧

细节指的是一种能影响全局但易被忽略的细微动作或者行为。生活中的细节处理得当与否主要表现在自己的言谈举止、待人接物上。工作中的细节可参阅12.4.4小节，如果工作中能够重视并做好细节，那么离成功就不远了。品质体现于细节，细节的提升主要表现在洞察力、处理力与标准化力的提高。

（1）洞察力

修炼细节首先要有敏锐的洞察力。具有良好的洞察力，才有可能感知周围的变化，才可以抓住细节，进而采取行动。

在日本制造业有被广泛使用的"**三即三现主义**"，如图12-10所示，包括：

现场——对不良品立即调查现场。

现物——对不良品立即调查现物。

现状——对不良品立即根据现状采取措施。

从实践中总结的**提高洞察力的重要技巧**有以下3点。

① 不要总坐在自己的办公室，要走到开发现场，观察开发的整体情况，并和相关开发人员进行详细交流。

图12-10　三即三现主义

② 经常对各种操作规范提出质疑，看看是否有改进方案；同时对当前使用的工具等询问相关负责人。

③ 发生不良的情况时，要咨询现场开发人员的意见，然后对比自己的处理方案，再进行优劣判断，找出最佳对策。

（2）处理力

另外，修炼细节还需要提高自己迅速、正确的事物处理能力。当今社会竞争激烈，就要求做事不仅要处理好细节，也要求讲究效率。因此做事的规范、每日定量作业的做事方法，就要费一番功夫。即使是一个小的过错也会给客户带来很多麻烦。因此，追求做事快的同时，还必须正确才可以。

从实践中总结的**提高处理能力的重要技巧**有以下 4 点。

① 对自己的工作要时常有"是否可以再提高 20%"的意识来督促自己提高效率。

② 工作要做好细节分类，对类似的工作可以一起来做以提高做事品质与效率。

③ 提高常用软件工具技能，如用 Excel 做一些常用工具。

④ 要在邮件、电话及会议以外的整个时间段集中注意力来处理事务。

（3）标准化力

知道问题的原因，并且总结了解决方案，但是如果这些方案只存在自己的大脑中是没有多大意义的。在开发现场能够实践的有形知识才有价值，即作业的标准化。具体来说可以是各种操作规范、教学录像、检查表等。

从实践中总结的**提高标准化能力的重要技巧**有以下两点。

① 自己负责的业务内容随时可以交接给后任，并为之做好交接手续。

② 理解 PDCA 手法，在每个阶段结束时进行标准化内容的反省与完善。

经典案例十七：无印良品之细节无敌

无印良品这家公司内部有两本册子：一本叫经营指南，有 2000 页之多；一本叫业务规范书，有 6600 多页。其内容包含从店铺经营到商品开发、卖场展示和服务等一切工作细节的专业知识。这两本指南就是公司的"最高指示"，所有无印良品的员工都无须"在某某领导下，在某某支持下"，直接按照指南做，"按图索骥"就是了。因此，无印良品的各分店内，标准化陈列不仅要求物品摆放整齐、饱满、富有冲击力，还要求考虑消费者的购物习惯。如在文具区，所有笔帽都必须朝向同一个方向；美容护肤品类货物的摆放，各类瓶子的瓶盖和标签也必须朝向同一方向；就连挂在高处的搓澡棉、浴花等物品，也由店员用纸板作为尺子进行统一规整，保持在同一水平高度。尽管无印良品看起来很苛刻，表现得却很自然，不是特别做作的"加强型"。

另外，为了更好地了解客户的细节需求，他们有一个业绩爆棚的管理秘诀——金井政明手机邮箱。在所有的邮件中，最受金井政明珍视的邮件来自"生活良品研究所"，每个客户反馈的意见均会直达这个邮箱。在这些邮件中，有的人指责某款晾衣架会因紫外线的照射而变脆断裂，有的人抱怨最新款的拖鞋"头太小"。诸如此类的反映实际问题的邮件。作为管理者，金井政明都是亲自查看邮件，这体现出无印良品坚持注重细节、关注消费者的战略。

案例分析：

作为销售主体，无印良品无疑是成功的。不论是产品的设计，还是销售中对用户体验的全方位考量，无印良品都有非常优秀的表现，甚至无印良品的形象设计都形成了独特的简洁温暖的气质。无印良品如何做到这些的呢？原来很简单，就四个字：细节取胜！而之所以能注重到细节问题，这不得不说是得益于他们对用户的深入研究。社长松井忠三著有一本书《解密无印良品》，亦反复强调其成功秘诀——对细节的追求决定了作品的本质。

无印良品的成功给我们带来了改善的方向，用此镜子反照自己，差距有多大，进步的空间就有多大。

12.5.3　毅力修炼技巧

毅力又叫意志力、坚韧力，是一个人自觉克服困难、努力实现目标的一种意志品质。毅力，是人的一种"心理忍耐力"，是一个人完成学习、工作、事业的"持久力"。当它与人的期望、目标结合起来后，就会发挥巨大的作用。毅力是一个人敢不敢自信、会不会专注、是不是果断、能不能自制和可不可承受的结晶。架构师成长之路可谓艰辛，成为一名优秀的架构师，没有 5～10 年的修炼很难实现。因此，积累与成长是一个长期的过程。一个没有耐力的架构师不会有大成就。古人云："天将降大任于斯人也，必先苦其心志，劳其筋骨……"不要一遇到难题就退缩、一时的失败就气馁。相反，这些挫折和失败正是自己成长的要素与积累人生阅历的宝贵财富。修炼毅力时，1.01 与 0.99 是最出名的两个**重要法则**：

（1）1.01 法则

$$1.01^{365} = 37.8$$

也就是说每天进步一点点，日积月累就会有很大的进步。

（2）0.99 法则

$$0.99^{365} = 0.03$$

相反，如果每天懒惰一点点，能力就会渐渐消失。

从实践中总结的**提高毅力的重要技巧**有以下 3 点。

① 对于完成的事情，要多询问自己：有没有更好的方法？用这种思维来时时鞭策自己进一步改善和提高。

② 如果感觉工作无聊，可以改变一下做法或目标，试着把变化融入进去。

③ 如果一两年没有出成绩的话，那么就再给自己三年时间试试看。

不急、不躁、不骄、不懈地前进，相信总有一天，能踏上自己所期望的道路。

12.5.4　胸襟修炼技巧

架构师的修炼还必须提升视野，开阔胸襟。面对客户的失误，不仅要及时指正，更需要包容，这样就会赢得客户的尊重，建立长期信赖的客户关系。自己做到内心平静，胸襟就开阔了。

在解决问题时，在一时找不到解决方案的情况下，可以暂停手头工作，做其他事情或者出去走走，而不是乱发脾气，生气上火。也许不经意间就会发现解决问题的线索。再者，没有一个人会喜欢一个随时乱发脾气的人，也没有人会喜欢一个性格暴躁的人。

另外，开发小组成员里面，肯定技术层次是不一致的，亦要怀一颗包容的心与成就他人之心来对待自己的组员。

从实践中总结的**提高胸襟的重要技巧**有以下 4 点。

（1）多看书

多看对心灵有益的书籍——可以是关于历史的或是关于科技的。就会发现这个世界有着太多的规律，见识得越多，看到的世界越广阔。

（2）转移视角

看问题时要多角度地分析，要明白这个世界上每一个人都有自己的标准，每一个人都有自己的思想，这样在进行交流时才不至于因为意见不同而不高兴，甚至发脾气。

（3）懂得宽恕

只要能够明白"互为因缘"的概念，就能够做到宽恕。学会宽恕不仅象征成熟，更是一种境界。

（4）减少私心

能够降低利己的私心，就能够心胸广阔。一个人如果只想到自己，忘掉别人的话，这个人的心就只有一个小小的区域。在那个小小的区域里，一点点小问题都显得像天一样大，这样通常都会为了小事烦恼。

12.5.5　思想修炼技巧

架构师的修炼还包括必须修炼思想，只有从思想深处认识到自己的缺点，才能从本质上完善自己。通过改变与提升思想观念来提高自己的人生格局。俗话说，格局决定一生的成就。修炼思想还需注意自己作为社会人的"成熟度"。这种真正的成熟是理性、智慧、纯真与道德的统一。成熟需要一个健康的自由环境，需要个人的独立思考，更需要个人的时常反省。

从实践中总结的**提高思想觉悟的重要技巧**有以下5点。

（1）摆脱情感束缚

不把异性"当回事"（并不是看不起异性），是衡量一个人是否成熟的最重要标志，因为它是人生迈向成熟的第一步。在情感里不能解脱，见到喜欢的异性就心惊肉跳、骨头软，往往就会在异性前失态，表现得不够自然和从容，甚至引起更多的麻烦。工作中，很多程序员对异性同事的问题都争先恐后地帮其解决，这是不成熟的表现！

（2）否定自己

否定自己，不断地否定自己，是走向成熟的必要条件，也是成熟的重要标志。否定自己是深刻的思想活动，是出于对真理和对自我的认知，而不是妄自菲薄和自轻自贱。否定自己是思考的结果，而不是"触景生情"。只要时时反省和面对自己，就会时时地否定自己。认识自己并不容易，否定自己更加困难，人最容易自以为是和固执己见。有句话说得好，人们最需要改变的可能就是自己最坚持的东西。人们往往认为自己是对的，把傲慢当作成熟，把固执当作个性，最后只能是"追悔莫及"。

（3）重视简单

从思考能力的角度讲，成熟的标志就是对"简单"有了新的认识和理解，不再把简单看作简单，或者说不再轻视简单。真理就是简单的，而这简单的真理就存在于朴素的日常生活当中。能够从简单中寻找和发现真理，就得到了最深刻的真理。理论学术的建立，是在简单、原始概念之上的；思想的产生和深入，也是来源于人们对朴素世界、简单问题的深入思考。人们可以进行这样的理解：哲学（深刻的思维）就是来自对简单事物和朴素世界的思考。如果真正懂得了简单，那么这个世界上就不存在复杂。

（4）参加各种有意义的思想交流会

成人仪式在日本是个人成长最为重要的仪式，而且国家为了强调其重要性，规定了每年一月的第二个周一为成人日。孔老夫子提出"克己复礼","礼仪"作为核心价值观传承了两千多年，中国因此而成为"礼仪之邦"。无礼而无邦，人无信不立，知礼、懂礼、守礼是对人最基本的要求。

（5）至诚服务

这点做得最好的莫过于日本的服务行业。有些人可能早就听过或者看过各种称赞日本人的服务。没有亲自体验过日本服务的可能会不以为然，认为服务不就是"点头哈腰"，不就是"微笑"吗，还能有什么特别。然而日本的服务真是超乎预期，有时甚至让人们觉得很"夸张"，但着实令人很受用。他们以实用、真诚、热情、礼貌为核心的服务观，无论是商界还是政府部门都体现得淋漓尽致。他们能够做到，难道我们就不能么？自己消费时就是上帝，反过来自己服务时就需要以对待上帝的心来服务，如果人人都在自己的岗位尽职尽责，这种社会岂不正是人人追求的真正的和谐社会？

12.5.6　责任感修炼技巧

责任感与正义感是一个优秀的架构师必须具备的素养。作为品质管理者，在生产线上发生了不良，此时正义感就非常重要。可能开发者会说"这种程度的错误也指摘，没什么大不了的……"等推卸责任的话语。此时管理者必须坚持原则，当机立断。

在实际开发中，如果是上千人一起开发的大型项目，停下手头工作进行一个小时的品质反省会等教育工作，那么就会有 5 人月（1 个月 20 个工作日）的工数损失。为了追求利益的最大化，很多管理者都不愿意停工进行反省。然而，如果任由这种细小错误持续积累，最终会造成品质不良，损失的可能是成百上千人月的工数。因此只有品质管理者坚持这种正义感与责任感并强烈提出品质改善，才可以避免这些风险。

从实践中总结的**提高责任感的重要技巧**有以下两点。

① 自己喜爱并使用自己公司开发的产品，抓住任何时机让客户看到自己在使用自己公司的产品，做公司产品的第一推销员。

② 在平时的工作中，对于任何违反公司规定的细小行为，都不能放过改正的机会，否则积少成多，最终会酿成大错。

12.5.7　真诚修炼技巧

在软件开发过程中，对就是对，错就是错，出现了多少故障，现在状况如何，都要如实反映，不要包庇，这是处事的基本态度。问题解决是基于目前的状况而做出的下一步判断。如果目前数据都弄错了，那么后面的判断亦会不准确，最后受到惩罚的必然会是自己——"搬起石头砸自己的脚"。相反，如果如实反映情况，客户反而会更加信任，建立长久的信赖关系。

另一方面，没有人会喜欢一个虚伪的人，即使一个人说话再得体，再幽默，也掩饰不住其内心的虚伪，更不会有人真心与其交往。

从实践中总结的**提高真诚度的重要技巧**有以下 4 点。

① 己所不欲，勿施于人。

② 公正，一视同仁。

③ 敢于虚心承认错误。

④ 言谈举止适度得体。

架构师的 7 种修炼如何实施？这不仅需要在平时工作中用心磨炼，更需要在业余时间对自己进行精心培养——包括阅读各种专业书籍，进行各种技术实验，参加各种培训等。把自己打造成一把所向披靡的宝剑，在事业上开辟一条成功大道。这样**持之以恒，假以时日，终有一天会破茧成蝶**。

经典案例十八：红花还需绿叶衬

1915 年，北洋政府以"茅台公司"名义将土瓦罐包装的茅台酒送到巴拿马万国博览会参展，外国人对之不屑一顾。一名中国官员情急之中将瓦罐掷碎于地，顿时，酒香扑鼻，惊倒四座，茅台酒终于一举夺冠。

案例解析：

已经过去 100 多年了，这个"怒掷酒瓶震国威"的故事仍让人们津津乐道。这个故事说明人们往往以貌取人，而忽视本质的美好。正如我们许多程序员的技术能力无可挑剔，但其他能力（如写作表达能力等）却捉襟见肘，就如同当年的瓦罐。所以内外兼修才是发展之道。

12.6　架构师的成长误区

（1）没有跟对导师

导师不只是一个指引学习和研究的象征符号，也是一个鲜活的有血有肉的人。什么样的导师是好导师？笔者认为主要从两个维度评价：做人与治学。有很多好的导师思想精妙、见识高远、个性鲜明、感情真挚，有人说知音难觅，好的导师会让我们得到全面熏陶、受益终生。能跟自己欣赏的业界明师（明师不一定是名师）学习乃人生大幸！

另外，技术的学习与研究千万不要闭门造车（因为认识领域的局限，也许自己所要研究的东西，别人早就研究出来了），而是需要多交流，开阔自己的视野。

（2）没有选对技术路线

人们知道，一位合格的中医要经过几十年的实践才可以出师。软件领域亦是一样，如果选择了走技术这条路，那么就要给自己定下长远目标，甚至到退休。在 IT 世界里，技术范围很广而且有深度，一个人不可能成为全才，因此必须找一个适合自己的领域，进行攻坚。从软件开发的纵向来看，有需求分析师、软件工程师、测试工程师、软件架构师、平台架构师、数据库分析师等；从技术横向分类来看，可以走 Java 技术路线，也可以走微软技术路线，还可以走 PHP 路线等，如图 12-11 所示。假如走 Java 技术路线，还分为 JavaEE 路线以及手机路线。因此，一定要**选择适合自己的技术路线**，坚持走下去，定会成为这个领域的专家，成为"工匠"的传承者。

另外，要纠正一个**思维认识误区**：30 岁以后就不能编程的错误思想意识。在世界大公司及大学研究领域，60 多岁继续编程的工程师大有人在，而且往往越是年龄大的工程师所写的代码品质越高。

（3）没有有效利用时间

俗话说："罗马不是一日建成的！"技能的提高也是如此——需要长久积累才可以收到

图 12-11　选对技术路线

显著效果。爱因斯坦曾说过：**"人的差别在于业余时间。"** 这也是哈佛大学的著名理论。除了节假日，工作日的业余时间也可拿来利用：人的生物钟，从晚上 11 点到第二天凌晨 5 点，这 6 个小时是最佳睡眠时间，保证这些时间就可以有充足的精力。因此晚上休息前的 2~3 个小时，对希望有所成就的程序员来说亦是非常宝贵的学习时间——万籁俱静，可以聚精会神地静心研究。如果可以形成习惯，岂不是一种较高境界的人生体验？

（4）不重视思考

无印良品公司要求他们的员工做事要坚持一个原则——**"595 原则"**，即计划 5%，执行 95%。这 5% 的规划，通常要进行调查、研究才能找出最佳解决方案，这样往往事半功倍，可以节省大量时间与资源。然而很多程序员缺少的就是前面这 5%。对分配的任务，往往不经大脑思考就立即动手——这种仓促的做事方法往往给后期带来很多麻烦。特别是编码时，没有进行良好的设计就着手写代码，是非常不好的习惯。

（5）不注重个人品牌

个人品牌也就是个人口碑，是指个人被相关者持有的较一致的印象或口碑，是职场最核心的竞争力。**个人品牌经营是一个系统工程**，包括包装形象、经营信誉、遵守承诺等，这些都需要进行规划与管理。反之，如果不注意用心经营，经常不负责任、搪塞工作，久而久之自己的路就越走越窄，那么在这个领域也就无法立足了，最终"搬起石头砸自己的脚"。

12.7　全球化意识

全球化，主要指全球性的经济和文化的相互渗透。借助于现代交通工具与网络技术等，打破地域的界限，形成你中有我、我中有你的局面，如图 12-12 所示。

谁能够在全球化的进程中提早准备，拥抱趋势与潮流，谁就不会被淘汰。不进步、不改革、不完善、墨守成规，结局只有退出历史的舞台。

机遇只留给有准备的人——在全球化进程中，个人的全球化意识也必不可少。无论走到哪里，起决定作用的永远是自身的文化素养。只有把自己塑造好，作一个有梦想、有道德、有修养、有技能的**"四有新人"**，才可以赢得尊重。因此在平时的工作与学习中就要给自己提出更高的要求，提高全球化意识，进行全方位的能力与素养的提升。

图 12-12　全球化意识

　　路漫漫其修远矣，吾将上下而求索！希望有缘读到此书的读者朋友都能够奋发图强，抓住机遇，实现自己的人生价值！

小结

　　本章属于品质管理第四部分，品质预防的重要内容。在这章中我们以个人成长为中心，以现场 PM 为角色，给大家介绍了自我完美修炼的一些基本技巧。个人素养提高了，相应的工作中做出的各种成果物品质就会提高，从而就可以较容易地保证整个产品品质。

　　软件开发对个人素养与技能的依赖性非常大，因此教育就显得尤为重要。教育不仅是技能的教育，更重要的是品质管理教育。另外，也要引入诸如心理学、社会学、信息学、文学等人文素养方面的综合素质教育，只有把技术者培养成高品位、高素养的人才，才可以在软件技术领域的各个方面发挥最大才华，起到顶梁柱的作用。

　　每个程序员要根据自身情况做好成长规划，并付诸行动。这需要在平时的工作中不时地敦促自己，鼓励自己，坚持下去，这样一步步走来，付出必有收获。当一步步走上珠穆朗玛顶峰时，定会有"会当凌绝顶，一览众山小"的心境——此时的泪水，是高兴，是激动，是喜悦，是感恩……只有自己才可以体会！

练习题

　　1. 思维十二法的内容是什么？
　　2. 解决问题的八大步骤是什么？
　　3. 职场八戒的内容是什么？
　　4. 架构师的 7 项修炼中最重要的是什么？
　　5. 做一个学习总结汇报。
　　6. 做一个自我修炼计划并进行跟踪评价。

附　　录

附录 A　各阶段品质项目检查表

A1　设计阶段

设计阶段的品质项目检查表分为软件架构设计品质项目检查表、外部设计品质项目检查表、内部设计品质项目检查表 3 部分，其内容分别如表 A1-1 ~ A1-3 所示。

附表 A1-1　架构设计品质项目检查表

大分类	小分类	编号	内　　容	运营期间故障频度	备　注
软件包	软件包	1	必要软件包		
		2	软件包的版本		
		3	后续支持状况		
		4	维护的方便性		
开发环境	所选语言	1	普及性		
		2	开发效率		
		3	处理能力		
	所需要工具	1	工具版本		
信赖性	实现阶层	1	硬件		
		2	软件（OS、架构、业务设计）		
	软件故障应对	1	故障应对方法的详细化		
		2	故障急增时应对方法的统一		
		3	数据备份方针与方法的统一		
安全性	实现阶层	1	硬件		
		2	软件（OS、架构、业务设计）		
	密码管理	1	密码的传递方式与对比方式的妥当性		
		2	密码的强度限制		
		3	密码的强制变更		
		4	密码停止时的变更方法		
	加密	1	对于重要信息的加密范围、方式、密钥的保管等		
	认证	1	认证方式		
	权限	1	资源权限		
		2	访问权限		

大分类	小分类	编号	内　　容	运营期间 故障频度	备　注
安全性	阻塞	1	阻塞方式、范围等（菜单）		
	会话（Session）	1	会话管理方式（分客户端与服务器端）		
	Cookie	1	Cookie 管理方式		
	监视方法的详细化	1	客户输入/输出对应的访问控制		
		2	访问数据的导出		
		3	错误数据的检出		
		4	错误访问的检出		
维护性	实现阶层	1	硬件		
		2	软件（OS、架构、业务设计）		
	维护方法的详细化	1	自动化处理的妥当性		
		2	各种维护工具的完备性		
		3	系统运行警告基准		
		4	系统正常运行时的日志输出内容与格式		
		5	系统故障时的日志输出内容与格式		
		6	系统故障后的自我恢复方法		
性能	接口	1	各系统间初始化时的顺序与默认值	*	
	峰值	1	最大峰值预测		
	反应时间	1	最复杂业务的反应时间		
		2	平均反应时间		
		3	大量数据读入时，分批次小批量提交方法的设定	*	
排他	排他控制	1	排他单位大小的控制		
		2	系统维护时开放资源与排他控制	**	
		3	排他模式、排他条件与排他期间的决定		
数据库	表方式的决定	1	内外表的明确化		
	表内容变更方法	1	变更记录的取得方法		
		2	数据登录上限的检查		
处理方式	联机	1	即时处理设计的合理性		
		2	批量处理设计的合理性		
		3	处理的共通化	*	
	批处理	1	批处理网络		
		2	批处理运行时间（白天、夜间）		
		3	批处理的共通化	*	

附表 A1-2　外部设计品质项目检查表

大分类	小分类	编号	内　容	运营期间故障频度	备　注
数据字典	数据字典	1	业界统一编码		CodeList
		2	客户使用编码		
		3	关联系统编码		
文件	对象	1	对象一览		
		2	使用目的		
		3	是否为大量数据文件		
		4	文件更新周期		
		5	文件更新记录、保存期间		
		6	明确与主要业务之间的关系		
	保存	1	文件 DB 或非 DB		
		2	文件大小估算		
	安全	1	文件访问限制		
	内部构成	1	排版格式（字体大小）		
		2	头部与脚部内容		
		3	对象化数据		
业务共通	消息	1	消息格式		
		2	消息编号体系化		
		3	各消息显示的统一		
		4	客户要求信息的全面性		
	名称赋予	1	名称赋予基准文档化		
	共通处理	1	共通处理抽取的规范化		
各业务	系统对象化整理	1	各业务范围客户的确认		
		2	对象范围内外间的关系		
		3	各业务间的关系		
		4	他系统间的关系		
		5	有业务功能增加或修改时，是否得到了客户的确认		
		6	各业务与现行业务的差异点		
	处理	1	处理的不足	*	
		2	处理的重复		
		3	处理的输入/输出间的关系		
		4	在由多页构成一次交互时，页面间文意、说明、衔接的连贯性		
		5	输出数据结构		
		6	输出对象		
		7	例外处理	*	
全体构成	鸟瞰图	1	全体构成鸟瞰图		
	页面转移图	1	转移动作		

附表 A1-3　内部设计品质项目检查表

大分类	小分类	编号	内　　容	运营期间故障频度	备　注
模块的构造	模块分割	1	模块大小划分的合理性		
	模块的共通化	1	共通化条件（全系统，个别业务）		
		2	重复处理的共通化		
		3	共通化功能的提取（加密、安全、数据库）		
	模块重用性	1	即存模块的重用性		
模块独立性	其他模块接口明确化	1	参数值、条件		
		2	共通模块使用条件		
		3	关联数据		
	内部模块处理矛盾的排除	1	验证顺序、验证内容及错误处理的妥当性	*****	
		2	数据 0 件时的处理		
		3	检索条件匹配与非匹配时结果的一致性	**	
		4	处理逻辑顺序		
		5	多任务处理时矛盾的排除		
		6	数据上限验证		
	数据的正确性	1	验证方法的正确性		
		2	日期界限	**	
		3	数组越界	*	
		4	输入数据		
		5	多表更新时数据的一致性	****	
		6	输入/输出数据与 DB、文件的一致性	**	
		7	名词赋予基准的违反		
	数据的初期值	1	不同角色初期值设定	*	
数据表	数据项目	1	数据项目内容的合理性		
		2	数据项目名称赋予基准的违反		
		3	数据项目顺序		
		4	数据项目属性的正确性		
		5	预备项目的确保		
	控制项目	1	界限调整的考虑		
		2	索引		
		3	序列		
	数据操作	1	增删改时必要项目的确认		
全体处理	各功能整体处理图	1	处理概要		
		2	处理顺序		

A2　编码阶段

编码阶段的品质项目检查表如表 A2-1 所示。

附表 A2-1　编码品质项目检查表

大分类	小分类	编号	内　　容	运营期间故障频度	备　　注
各种规定	各种规定	1	命名赋予基准		
		2	各种编成规约		如 Java、JSP、JS、CSS 编程规约
基本考虑点	数据的属性、范围（有效、无效）	1	最大值或上限值（日期、计算结果等）	*	
		2	最小值或下限值（日期、计算结果等）	*	
		3	负数		
		4	数值 0		
		5	0 件数据		
		6	范围外数据		
	计算	1	计算结果溢出		
		2	除 0 操作		
	路径覆盖率	1	正常系（最基本路径）		
		2	正常系中的附加分支（基本路径以外的分支）		
		3	异常系（各种错误信息）		
	路径遗漏	1	分支遗漏		
		2	循环处理遗漏（范围条件、跳出条件、0 回处理）		
		3	式样变更引起的增加与修改处理		
数组或集合	数据结构	1	类型		
		2	精度		
		3	大小		
	初始化	1	初始化时机		
	特殊数据	1	null、""、半角空格、全角空格、换行符		特殊文字集
	处理	1	处理遗漏		
		2	计算遗漏		
		3	计算逻辑		
		4	多余处理		
		5	循环处理条件		
文件上传	文件格式	1	存在验证		
		2	文件名称长度验证		
		3	文件名称特殊字符验证		
		4	文件扩展名验证		
		5	文件大小验证		
		6	文件打开与否验证		
	文件内容	1	各项目格式验证		
		2	大量数据登录时分批提交		
		3	最终处理结果的统计信息		
文件下载	下载显示方式	1	① 文件下载后在浏览器本页下方，并弹出"保持或打开"对话框 ② 文件下载后直接在浏览器新的一页打开		

A3 测试阶段

测试阶段的品质项目检查表又称为测试观点，分为单元测试品质项目检查表、结合测试品质项目检查表、系统测试品质项目检查表 3 部分，其内容分别如表 A3-1~A3-3 所示。

附表 A3-1 单元测试品质项目检查表

大分类	小分类	编号	内　　容	故障频度	备　　注
页面 初期显示	页面大小	1	横		
		2	纵		
	页面构成	1	共通部分		
		2	个别部分		
	页面属性	1	滚动条		
		2	窗口标题		
		3	页面标题		
		4	页面各部分背景色		
		5	页面扩大	*	页面元素是否错位
		6	页面缩小	*	页面元素是否错位
	项目属性	1	项目文字		错字、误字
		2	初期值		
		3	项目必填（选）项		
		4	项目元素位置		
		5	项目字体		
		6	项目背景色		
		7	项目显示与非显示设定		
		8	项目活性与非活性设定	*	
	光标位置	1	初始位置		
		2	按〈Tab〉键		
		3	按〈Shift + Tab〉键		
		4	按〈Enter〉键		
		5	按〈Shift + Enter〉键		
页面一览	一览项目 0 件	1	一览项目 0 件		
	一览项目 1 件	2	一览项目 1 件		
	一览项目超过 最大设定值	3	一览项目超过最大设定值		
页面转移	前页面转移	1	各业务逻辑相关的按钮、链接等引起的页面跳转的正确性		
	后页面转移	2			
	接口参数	3	前后页面接口参数传递		

大分类	小分类	编号	内　容	故障频度	备　注
项目验证	必填项	1	① 消息位置、顺序、标示、内容、参数 ② 对应输入框背景色		
	文字属性	2			字符、数值等
	位数	3			
	范围	4			
	特殊验证	5			如：null、""、半角空格、全角空格、换行符、特殊字符集等
	相关验证	6			
	验证的契机	7	相关事件验证的全面性		
输出	输出值的正确性	1	各业务逻辑相关的输出值的正确性		
动作	动作的全面性	1	各业务逻辑相关动作执行的全面性		
	动作正确性	1	各事件对其各种业务处理的正确性		
报表	输出形式	1	pdf、cvs、excel、txt 等		
	输出大小	1	大小的正确性		
	输出文字位置	1	位置的正确性		
	固定与动态文字	1	输出内容、对齐方式、字体大小、格式、补齐方式等		
	报表各种线的正确性	1	线的种类、位置、长度等		
	循环数据	1	1 条数据显示情况		
		2	满页显示情况		
		3	翻页显示情况		

附表 A3-2　结合测试品质项目检查表

大分类	小分类	编号	内　容	运营期间故障频度	备　注
功能内	基本路径疏通	1	功能内部主处理前后页面之间的互动		
		2	多个数据处理时中间连号的欠缺		
		3	重用模块的联动		
	全路径	1	① 正常系组合 ② 异常系组合 ③ 正常系与异常系混合组合		必要时制作路径测试矩阵表
	数据组合	1	输入数据正常与异常		
		2	输出数据正常与异常		
	特殊处理	1	特殊业务处理		
		2	例外处理		
		3	时间周期性测试		
		4	上限与下限处理		

大分类	小分类	编号	内　容	运营期间故障频度	备　注
功能间	全路径	1	① 正常系组合 ② 异常系组合 ③ 正常系与异常系混合组合		必要时制作路径测试矩阵表
	资源控制	1	文件、数据、表之间的冲突及优先级		
		2	排他处理		
业务间	系统运行日	1	平日、次日、月末、月初、年末年初		
		2	结算日（月、季度、年度）		
		3	特殊日（闰年、替换日）		
	二重登录	1	同一个账号同时登录，系统动作的正确性		
	事务处理	1	多个事务处理		
	批处理结合	1	联机处理与批处理结合		
	各系统结合	1	关联系统之间业务结合		实体的状态、业务流程覆盖率、角色权限正确性

附表 A3-3　系统测试品质项目检查表

大分类	小分类	编号	内　容	运营期间故障频度	备　注
信赖性	故障对策	1	电源切断再接通		
		2	业务处理中断后的恢复处理		批处理中断、大量数据处理中断
安全性	安全	1	系统不正常访问防止		
		2	文件访问保护		
		3	访问信息记录的导出		
		4	密码多次输入错误限值		
	阻塞	1	业务阻塞时访问控制		
	特异点测试	1	猴子测试		猴子测试就是类似猴子随意敲打键盘，而进行的一种随意输入或者随意操作软件系统的测试
		2	无效文字，编码输入测试		
		3	连续误操作测试		
		4	现行系统故障事例		
		5	类似系统故障事例		
性能	性能	1	联机处理平时处理时间		
		2	联机处理高峰时处理时间		
	压力（负荷）	1	使用工具产生大量数据长时间运行		
		2	使用工具大量客户端一起登录数据		
		3	高负荷时处理规则		

大分类	小分类	编号	内　　容	运营期间故障频度	备　　注
性能	硬件使用率	1	内存		
		2	CPU		
		3	带宽		
维护	运营日	1	平日一天运行（24小时）		
		2	平日、次日、月末、月初、年末年初		
		3	结算日		
		4	特殊日（闰年、替换日）		
	操作性	1	输入页面操作的便利性		默认值、光标移动、页面阶层、页面转移、特殊键的使用等
		2	页面外观的整洁性		页面排版、输入框输入前后颜色的变更、文字排版等
		3	信息输入量的妥当性		输入信息的自动化程度，辅助输入功能等
		4	UNDO设计		用户输入错误时，可以返回上次状态。页面所有操作都可以重新开始
		5	用户信息反馈的及时性		系统有事件发生时，需要在合适的时间内给用户友好的信息提示。① 如果处理时间比较长，需要给予处理进度条② 如果处理完毕，需要给处理结束通知
		6	报表排版设计		
		7	输入错误提示信息的人性化		
		8	一次业务处理所需的系统交互次数		
	他系统联动	1	根据业务进行其他系统之间的联动		
	故障解析	1	解析团队与流程		
	系统监视	1	批处理组运行状态监视		
		2	联机运行状态监视		

附录 B　品质管理重要技术规范范文

本附录中的 6 种技术规范范文是项目开发中极为重要的品质管理文档！其中的《设计书执笔要领》，如果项目没有特殊需求内容就不需要改动，可以直接用于项目；另外 5 种给出了范文模板，但是内容上需要根据项目需求进行补充与完善。

限于排版要求，本附录中没有给出各范文的封皮与目录，但是在实际项目中，要根据项目文档格式要求而加上。做好封皮与目录，就是一本小型技术手册，可以对项目成员进行统一教育。

另外，在 365IT 学院官网亦有带封皮的电子版文档可供下载。

B1 《品质管理实施要领》

1. 目的

本品质管理实施要领是针对某某系统（以下简称"本系统"），从品质注入阶段到品质验证阶段进行了全面的技术指标规定，以满足客户品质需求，亦是本系统所有开发成员进行品质保证的行动指南。

2. 适用范围

适用于外部设计到系统测试的所有阶段。

3. 品质管理对象

（1）设计阶段品质管理对象

① 概要设计书。

② 详细设计书。

……

（2）编码阶段品质管理对象

① 代码。

……

（3）验证阶段品质管理对象

① 各阶段的测试用例。

② 各阶段的测试计划书。

③ 各阶段的测试证据。

4. 品质支持工具

利用365IT学院开发的品质管理专家进行管理。

5. 品质管理团队

（1）团队

品质管理团队参照图3-9。

本系统开发以PM为中心，对本系统进行全局统一管理，所有成员必须按照PM的要求进行品质管理。

（2）责任

各角色的分工与责任参照表3-5。

6. 设计阶段品质管理

（1）品质目标

品质目标值的设定参照表2-2、表2-3。

（2）评审种类

评审种类参照表3-2。

（3）评审流程

评审流程参照图3-11。

（4）错误基准

错误重要度基准参照表3-6。

（5）再评审条件

再评审条件参照图 3-19。

（6）错误记述报告单

错误记述报告单参照图 10-1。

（7）品质评价

对各阶段品质数据进行定量与定性分析，根据分析结果进行下一步工作。各阶段完成时，要做各阶段品质分析报告。

7. 验证阶段品质管理

（1）品质目标

品质目标参照表 2-4 及表 2-5。

（2）规模构成

规模构成参照图 5-2。

（3）预测故障件数

算法及内容参照 2.3.4 小节。

（4）故障处理报告单

故障处理报告单参照图 10-2。

（5）品质评价

内容与 6.7 节一样。

B2 《设计书执笔要领》

1. 目的

本《设计书执笔要领》是某某系统（以下简称"本系统"）开发中按照设计书的最终版本编排的标准规范要求，目的是对表、图、正文、附录等都用统一的表现形式来制作均质的设计书，以提高设计书的**形式品质**。

2. 如何书写优质设计书

（1）什么是好的文档

好的文档要用与读者水平相当的记述手法来记述，以让读者较清晰容易地把握文档内容。

另外，技术文档不是文学作品，不需要有文采地描述，只需要简洁明了，详细具体地正确说明问题即可。

（2）执笔者的思想准备

做出高品质的文档，需要一定的表述技能，更需要作者倾注一番心血，因此编写时要注意以下几点。

① 正确地记述内容。

② 明朗简洁的方式。

③ 图表的适当使用。

④ 语法与标点符号的统一。

3. 执笔要领

（1）5W1H 手法

文档内容记述时要切实遵循 5W1H 的手法。在有多个项目说明的场合，如果只用文字来说明，那么可能会产生歧义；另外，对于多项内容或者条件等复杂关系进行表述时，如果不用矩阵表或者判定表等记述手法来表现的话，很难说明白。因此，5W1H 手法是软件开发中很重要的技能之一。5W1H 手法如附表 B2-1 所示。

附表 B2-1　5W1H 手法

编　号	单　词	内　容
1	Who	主语要明确
2	When	事件（Event）的开始与结束的时间顺序要明确
3	Where	事件发生的场所（哪个页面、哪个触发事件等）要明确
4	What	处理、操作动作的对象要进行明确说明
5	Why	原因与结果等的理由要进行明确说明
6	How	在操作、运用及问题解决方法上需要一定的顺序时，要明确记述规范

（2）一般注意事项

① 要避免用推测的表达手法。

推测的表现语句会给读者造成不安，这样就会失去对文档的信赖，所以执笔者一定要怀有信心，用肯定的语句进行表述。

是否有推测的表述，从用词就可判断，例如："希望""大概""基本的""原则"等词就要避免使用。

② 要避开抽象的表达手法。

如果用抽象的语言来表述的话，就不会让读者明白具体的目标，因此就不能满足客户的期待。

抽象的表现一般有以下两种情况。

a. 用"极力""尽可能""等等""高效率的"等方面的副词。

b. 用给人模糊概念的形容词，例如："～的""～性""～化"，这种定性化的表达手法也是要避免的。

③ 对于事实要用具体的定量形式记述。

a. 表示强调的副词不要使用。

表示强调的副词一般有"非常的""全体"等，这些要避免。

b. 不要乱用代词。

代词往往会引起误解，因此只有在不能引起误解的地方使用代词。

c. 不要用夸张描述。

如果对事实进行夸赞的话，往往也会产生误解。在用简单且容易理解的形式进行内容记述时，系统不能实现的限制亦要进行具体的说明。

d. 尽量用数字、图表来表现。

不要有太长的描述，要简单明了，且不要产生误解。此时要注意以下两点：

> 不要把图表内容做错了。如果把数值或者图表做错了，就会引起很大的麻烦。

> 不要乱用图表。过度使用图表也会显得内容没有主次，因此如何在适当的地方使用就凸显出执笔者的写作水平。

e. 要避免长文。

一句话，只需说明一个问题即可。如果一句话说明两件以上的事情，就会产生不当的长文。一般来说，一句话控制在 50 字以内，最多 100 字。

f. 按条目写。

如果要写的内容有好多页，可以把主要的项目分别按照条目进行书写，因此读者（客户或者评审者等）就可以很好地理解设计意图。

g. 要给出适合的例子。

在进行一般性的论述时，要给出适合的例子。例子可以是文字以外的图、表、图片、插图、示例等，这些例子可以给读者最直观的感受，这样会大大提高文档的内容品质。

h. 标准化。

按照设计书规约来做，这样图表的标号、版式等就会比较标准。

i. 系统共通设计要进行具体记述。

在对信赖性、安全性、扩展性、运用性、经济性等进行记述的时候，要有具体的记述内容。另外，各种特性如果有实施条件的话，亦不要漏掉。

例如：如果只是"～可以提高安全性与经济性"的这种记述的话，客户可能就会产生"可以得到安全性高，经济性好的产品"的误解。此时，一种正确的做法是"～采用加密计算进行加密以提高安全性，同时对数据交换采用压缩技术以降低流量，提高效率与经济性"，以这样具体的方式进行记述，就比较客观明了。

④ 其他。

a. 主语与宾语要明确。

b. 不要过度省略。

c. 不要使用二重否定。

d. 有条件的场合，要明确记明"是"与"否"。

4. 执笔基准

（1）编号体系

① 标题。

各设计书的标题部分要分别作为一页来设计，在本页里面要有版本数与改版日。另外，下一页要有改版记录，再下一页是目录。

② 别册标题。

有些项目可能有补足用的别册，别册的标题和正文是一样的。

③ 章编号、节编号及项目编号。

其编号用阿拉伯数字与英文句号来表示，最大 3 位。另外，对于新的一章来说一定要改页。

1 XXXX　　…………　章编号

1.1 XXXX　　…………　节编号

1.1.1 XXXX　　…………　节编号项目编号

④ 细别符号。

章节项目编号最大 3 阶层，那么更详细的分类信息可以用如附表 B2-2 所示的细别符号。

附表 B2-2　细别符号

编　号	种　类	顺　序	例
1	阿拉伯数字	高位	1、2、3
2	圆括号内阿拉伯数字	↓	(1)、(2)、(3)
3	圆圈内阿拉伯数字	↓	①、②、③
4	小写英文字母	低位	a、b、c

⑤ 图表编号。

图编号、表编号、附图编号及附表编号要分别独立地赋予。另外，多个图表的情况，要在题名的后面用分隔符表示。

a. 图编号。

图编号，如下所示。

图"章编号"-"章内连号"

b. 表编号。

表编号，如下所示。

表"章编号"-"章内连号"

c. 附图编号。

附图编号，就是附录里面的图的编号，如下所示。

附图"附录内章编号"-"章内连号"

d. 附表编号。

附表编号，就是附录里面的表的编号，如下所示。

附表"附录内章编号"-"章内连号"

⑥ 脚注编号。

脚注编号要放在文句的右上肩，而且是在页内连号，如下所示。

365IT 学院[①]架构师的摇篮

⑦ 页编号。

正文与附录的页编号要独立赋予。

a. 文本与附录。

文本与附录页编号，如下所示。

"章编号"-"章内连号"

b. 编或者章标题。

编或者章标题，不赋予编号。

c. 改版记录与目录。

需要与正文及附录的页码要独立出来，如下所示。

("连号")

（2）用字与用语

关于技术类文档的执笔基准所使用的用字与用语。

① 汉字。

使用常用汉字，固有名词除外（地点、人名等）。

② 数字。

使用阿拉伯数字与罗马数字（Ⅰ、Ⅱ、Ⅲ等）。

③ 英文。

英文用美国标准 26 个半角字母（大小写）。

④ 省略语。

这里的省略语一般指的是英文省略语。省略语要大写，而且要在最初出现的地方对组成省略语的单词进行解释（在括号内单词用全称）。如：UT（Unit Test）。

（3）记号

关于技术类文档的执笔基准所使用的记号。

① 中文句号"。"。

一句话结束时使用。

② 英文句号"．"。

以下 3 处需要使用。

a. 英文省略号。

b. 章节编号。

c. 小数点。

③ 中文逗号"，"。

在文章里叙述文字，需要用逗号时，使用中文逗号。

④ 英文逗号"，"。

在数字里面，根据格式需求，要用英文逗号。

⑤ 顿号"、"。

一句话中，需要进行明确区分词之间时使用。但是不要随便乱用（因为顿号位置变动会引起歧义，或者变得难以理解）。正确的使用如下所示。

a. 用于分隔句中的并列词语。

b. 为了降低一句话的难度，在必要位置加上顿号。

⑥ 中点"·"。

在以下的场合时需要使用：

a. 关联的名词组合在一起作为一个词。

b. 作为条目记号。

⑦ 冒号"："。

在以下的场合时需要使用。

a. 列举事例之后。

b. 单词说明。

c. 表示比例或者时刻。

⑧ 连字短横线"－"。

在以下场合时需要使用。

a. 图表编号或者页码编号。

b. 管理编号等体系里（如文件编号）。

⑨ 斜线"／"。

在以下场合时需要使用。

a. 数学领域的分数或除法（1/2）。

b. 日期表示形式（2017/1/17）。

c. 单位记号中（t／s）。

⑩ 波浪线"～"。

在时间、场所、顺序的起始点之后及终点之前使用。

⑪ 中文双引号""""。

在以下场合时需要使用。

a. 强调。

b. 引用别的话语。

⑫ 括号。

a. 大括号"{ }"。

小括号的外面需要再加括号时使用，属于小括号的高位括号。

b. 中括号"[ ]"。

方法的参数或者章节引用时使用。

c. 小括号"( )"。

文中需要增加说明或者注释的地方。

d. 尖括号"＜ ＞"。

小括号内需要再加括号时使用，属于小括号的低位括号。

e. 上下括号"「 」"。

引起注意等强调时使用。

f. 方头括号"【 】"。

引起注意等强调时使用。

g. 六角括号"〔   〕"。

脚注或操作说明书中可省略输入项目时使用。

除上述的各种符号以外，其他符号都不应该使用，如以下符号：

省略号"……"、英文单引号"' '"、英文双引号"" ""等。

（4）记述

① 文体。

体裁以说明文的形式进行记述。

② 引用。

有著作权的引用与没有著作权的引用的记载方式是不一样的，这点要引起注意。

a. 没有著作权网络资料的引用记载方式。

➢ 引用要尽可能地控制在必要最低限度范围，并记载出处。

➢ 引用的内容不要擅自修改。

b. 有著作权内容的引用记载方式，如附表 B2-3 所示。

附表 B2-3　著作权引用记载方式

编号	引 用 条 件	记 载 方 式
1	必要最低限度范围的引用	—
2	无擅自修改	—
3	著作名、署名、出版社名、版本等要进行说明	在卷末用条目的形式进行说明
4	明确区分自己写的内容与引用部分内容时	要把引用的部分用双引号括起来
5	自己记述的部分为主、引用的部分为辅助说明时	—

③ 强调。

强调语句等要进行强调的时候，在需要强调的文字上加下画线。

④ 表标题行背景色。

推荐使用 15% 的灰色来表示。

⑤ 参照。

a. 同一文档内。

➤ 正文或者附录。

正文或附录里面的引用，需要把引用的该章的章编号、节编号、项编号及细节符号在中括号里进行引用说明，并做引用连接，位置可以放在句子的中间或末尾。注意不需要记述标题，如下所示。

………［参照 1-2（1）］…。

………。［参照 附录 1-1］

➤ 图或表。

其参照与正文或附录一样。另外，如果是同一页内的图或者表，可以用"上图""下图""左图""右图"等表示方位的词来表示。

b. 其他文档，如下所示。

………［参照 图 1-2（1）］…。

………。［参照 表 1-1］

………。［参照 上图］

该段的末尾参照的文档的名称用［］来表示。注意不需要写文档的地址，因为文档可能会随时移动，如下所示。

………。［参照 登录设计书.doc］

⑥ 脚注。

a. 在正文或者图中的特定的语句及词进行必要的脚注时，在其右肩赋予脚注编号，并且要关联到脚注文。

脚注文的位置要注意以下几点。

➤ 文字脚注，要放在本段的最后。

➤ 图表脚注，要放在图表的下面。

（5）图表

图表可以给读者直观的视觉效果，对于读者来说，可以大大降低其理解文档的难度。特别是软件行业，概念性与抽象性的说明在前期很多，配合图表可以把复杂事情简单化，能较容易地把正确信息传递给读者。

① 共通事项。

a. 图表的标题必须有。

b. 图表的标题必须能正确表达图表的内容。

c. 图表必须放在正文内容合适的位置。

d. 图表要尽可能地放到同一页里面，如果需要分页来放，需要按如下所示进行说明。

图1-2"题名"（"同一图表编号内连号"／"同一图表编号内最大编号)"

e. 如果正文最后放图表的空白不是很充足，那么空白就可以保留，要改页来放。

f. 图表的字体不要太小，避免打印出来看不清。

g. 图的中心要和纸的中心吻合。

h. 名称要在编号的后面，且留一个空格。

② 不同事项。

a. 图的编号与名称要在图的下方，中间排列。

b. 表的编号与名称要在表的上方，中间排列。

5. 文档制作基准

（1）使用的软件

软件使用明细如附表B2-4所示。

附表 B2-4　软件使用明细

编　号	软件名称	文件扩展名
1	Word 2013	XXX. docx
2	Excel 2013	XXX. xlsx
3	PowerPoint 2013	XXX. pptx
4	Visio 2013	XXX. vsd

（2）格式

① 纸大小及空白。

设计书文本的大小要用A4，印刷方向是纵向排版。

大的图、表、数据库ER图、功能处理流程图、页面转移图等要用A3且横向排版。如果要在设计书正文里插入A3页面的话，那么为了最后装订及更容易地看到次页信息，要进行两次折叠处理。

另外，对于流程图、页面转移图等A3纸没有特殊要求，一般是进行别册打印的。

注意：印刷的方向，以读者易读的统一的方向进行，这样可以使得读者更能集中注意力进行阅读。横纵混合编排是非常不好的编排形式，在必要情况下，A4纸张作为别册进行横向印刷也是可以的。

a. 空白以及页眉与页脚。

页眉/页脚边距如附表 B2-5 所示。

附表 B2-5　页眉/页脚边距

位　置	规　格	位　置	规　格
上	30 mm	下	30 mm
左	25 mm	右	20 mm
页眉	12 mm	页脚	10 mm

b. 文字数与行数。

不要超过打印线。

注意：对于 Excel 文件，编写设计书时，由于反复增删内容，往往很容易出现超出打印线的情况。有一个小技巧，那就是打印之前或者完成后先预览一下，看看效果再打印。

② 装订注意事项。

a. 打孔装订。

设计书非常厚时（即订书机不能装订，一般在 50 页以上），需要进行打孔装订。打孔个数为两个，位置要统一。

b. 订书机装订。

装订位置在左上角，钉子两脚位置与纸边距离为 7 mm，且钉子与纸的两边成正三角形。一次用力装订好，以保证装订的品质与美观。

③ 文件的属性设置。

a. 文件概要属性。

➢ 标题。用文件标题来记述。

➢ 作者。姓名全称，例如：颜廷吉。

➢ 公司名称。作者所属公司全称，例如：上海颐凡软件科技有限责任公司。

➢ 客户设定。

b. 版数。

版数格式为"第 X. X. X 版"。

c. 系统名称。

记入开发的系统全名。

d. 文档编号。

根据文档编号体系，记入文档的编号信息。

④ 使用字体。

a. 正文。

正文使用"宋体""小五号"标准大小。

b. 各标题。

标题要有层次感，最多 3 层，使用"标题宋体"，大小分别为"小四""五号""小五号"。

B3 《名称赋予基准》

1. 目的

本书是某某系统（以下简称"本系统"）以 Java 技术为背景、以 Spring MVC 为开发架构进行设计与编码时对名称赋予的基准，未规定之处需按编程规约进行命名。

2. 文档及文件夹命名规范

（1）文档名称规范

大型系统的软件开发标准成果物种类有几百种，文件有成千上万个。如果不对命名进行规范，文档的管理将非常混乱。因此文档命名规范非常重要。

软件命名体系包含文档命名规约与代码命名规约，如附图 B3-1 所示。在本书姊妹篇《Java 代码与架构之完美优化——实战经典》一书中介绍了基本代码命名规约体系，而本书介绍文档命名规约。

附图 B3-1 软件命名体系组成

文件命名规则：以开发阶段为横轴，以子系统、功能为纵轴进行归类划分，以"文件 ID + 文件成果物名称"的形式进行命名。

① 文档 ID。

每个文档都需要一个 ID 编号，以便文档在文件夹下排列及查询。根据是否与功能有关，分为两种情况。

a. 与功能 ID 有关的文档命名规范。

文档 ID 具体构成：

第 1、2 位为开发阶段编号（例如：RA、ED、ID）；

第 3、4 位为子系统编号（例如：YF）；

第 5 ~ 8 位为功能编号（例如：DL01）；

第 9 ~ 10 位为功能阶层内文档索引编号（01 ~ 99）。

其中，开发阶段与子系统编号之间用中横线"-"（半角）连接；功能编号与索引编号之间、索引编号与名称之间用下画线"_"（半角）连接，如下所示。

ID - YFDL01_01_登录概要设计.docx

b. 与功能 ID 没有关系文档命名规范。

文档 ID 具体构成：

第 1、2 位为开发阶段编号（例如：RA、ED、ID）；

第 3、4 位为子系统编号（例如：YF）；

其中，开发阶段与子系统编号之间用中横线"-"（半角）连接；子系统编号与索引编号之间、索引编号与名称之间用下画线"_"（半角）连接，如下所示。

ID‒YF_01_命名基准.docx

② 文档名称。

文档名称是各个阶层文档成果物名称，如下所示。

ID‒YFDL01_01_登录概要设计.docx

另外，各成果物还需要有附件时，要特别在名称里加上"附页＋2位编号"提示，如下所示。

ID‒YFDL01_01_登录概要设计_附页01.docx

③ 备份文件名称。

制作的文件或者式样变更需要备份目前文件时（在没有版本管理工具的情况下），需要在文件后面添加备份日期，如下所示。

ID‒YF_01_命名基准_20170225.docx

（2）文件夹命名规范

文件夹命名亦非常重要，良好的文件夹层次有助于文档的归类与检索，如附图B3‒2所示。

附图 B3‒2　文件夹层次

文件夹命名规则：两位数字编号＋开发流程名称。其中，第1位编号与流程名对应，第2位编号为预留编号（可以根据需要在各流程直接加一些别的文件，便于管理）。

根据需要亦可以增加如附表B3‒1所示的文件夹。

附表 B3‒1　文件夹名称

文档夹 ID	文件夹名称	备　注
01	bak	存放备份文件
02	参考资料	放所参考文档
03	制作中	放制作中的文档
04	最终成果物	放最终完成的成果物

3. 共通

（1）业务 ID

【概要】业务组识别用代号。

【构成】开头 3 个缩写大写字母。

【例】ORG。

本项目业务代号如附表 B3-2 所示。

附表 B3-2　业务代号

编　号	业务模块	英文全称	缩　写	备　注
1	财务管理	Financial	FIN	后台（日常财务、销售结算）
2	组织管理	Organization	ORG	后台（包含用户——客户与员工，部门的增删查改）
3	权限管理	Privilege	PRV	后台（只有管理员权限才可以使用）

（2）功能 ID

【概要】功能识别唯一 ID。

【构成】为业务 ID + 业务内两位数字编号，即 01～99。

【例】ORG01。

（3）页面 ID

【概要】页面唯一识别 ID。

【构成】功能 ID + S(Screen) + 两位页面数字编号（01～99）。

【例】ORG01S01。

（4）消息 ID

【概要】消息唯一 ID。

【构成】一位消息种类代号 + 业务 ID + 3 位数字编号（001～999）。

① 分别如下：

E：错误，Error；

W：警告，Warning；

I：信息，Information；

D：调试，Debug。

【例】EORG001。

（5）报表名称

【概要】报表唯一识别 ID。

【构成】功能 ID + R(Report) + 报表数字编号（01～99）+ 文档名称。

【例】ORG01R01_userlist。

4. 业务项目命名

（1）业务项目中文名称标准

【概要】页面、处理、报表等使用的控件项目的汉字名称。

【构成】一般来说，使用最多的是修饰语 + 主要语 + 区分语（后缀），修饰语是可以省略的，中文名称不超过 20 个汉字。由修饰语、主要语、区分语构成。

① 修饰语：这个是对主要语与区分语的修饰。

② 主要语：数据条目。

③ 区分语：数据的属性（例如：编号、区分、数量、金额、比率等）。

例如：产品合计金额 = ①产品 + ②合计 + ③金额。

性别编号 = ②性别 + ③编号。

（2）业务项目英文名称标准

【概要】类（包括接口）、方法（包括构造函数）、变量、常量、参数的名称识别符。

【构成】开头字母只能够使用 A ~ Z，a ~ z，以及_、$，识别符英文名称不超过 40 个字母。英文名称命名，使用相应的汉语所对应的英文名称，英文名称的赋予根据"365IT 学院自动命名工具"自动命名。

（3）处理名称

名种按钮英文名称如附表 B3-3 所示。

附表 B3-3　各种按钮英文名称

编　　号	英 文 名 称	处 理 名 称	备　　注
1	create	新建	
2	add	添加	
3	change	修改	
4	delete	删除	
5	execute	执行	
6	search	检索	
7	confirm	确认	
8	calculate	计算	有多个处理对象时，英文名称后面需要加上计算对象名称
9	save	保存	
10	back	返回	
11	backMenu	返回菜单	

5. 架构名称

（1）页面层

① 非事件项目：项目 ID。

【概要】每个非事件项目在系统中都有唯一性标识。

【构成】表单 ID + 下画线 + 项目名称。

【例】org01S01Form_userName。

② 非事件项目：项目名称。

【概要】非事件项目名称在系统中亦需要唯一性标识。

【构成】表单 ID +「. 」+ 项目名称。

【例】org01S01Form. userName。

③ 事件项目：菜单 ID。

【概要】菜单唯一识别 ID。

【构成】业务 ID + 英文名称。

【例】ORGFather。

④ 事件项目：按钮 ID。

【概要】页面上按钮名称。

【构成】

a. 按钮 method 属性名称：动词 + 名称（可省略）+ Event。

【例】deleteUserEvent、searchEvent。

b. Id 属性，在 method 属性名称后直接加 Id。

【例】deleteUserEventId、searchEventId。

（2）控制层

① 表单。

【概要】页面提交数据容器。

【构成】页面 ID + Form。

【例】类名：Org01S01Form。

② 控制器。

【概要】页面控制器。

【构成】页面 ID + Controller。

【例】类名：Org01S01Controller。

（3）业务层

① 业务层。

【概要】业务逻辑处理层。

【构成】

a. 接口：页面 ID + Service。

【例】类名：Org01S01Service。

b. 实现类：页面 ID + Service + Impl。

【例】类名：Org01S01ServiceImpl。

② 模式。

【概要】模式（Model）后加后缀"Dto"。

【构成】页面 ID + Dto。

【例】类名：Org01S01Dto。

（4）持久层

① 持久层（Repository）。

【概要】数据库 SQL 调用接口。

【构成】页面 ID + Repository。

【例】类名：Org01S01Repository。

② 业务 SQLMAP 文件。

【概要】以业务为单位建立 mybatis 相应的 SQLMAP 文件。

【构成】业务模块代号 + 下画线 + sqlMap。

【例】org_sqlMap。

③ SQL 语句 ID。

【概要】以页面为单位，定义 SQL 业务语句 ID，定义的语句 ID 就是持久层 Repository

接口里面的方法名称。

【构成】SQL 种类 + 页面 ID(第一个字母要大些) + 两位数字编号 (01 ~ 99)。

查询, select;

更新, update;

删除, delete;

插入, insert。

【例】selectOrg01S0101。

6. 数据库

(1) 实体表名 (概念名称与物理名称)

【概要】分为概念名称与物理名称, 这两种名称都与 ER 图里设计的一致。

【构成】概念名称, 如果是由多对多产生的表, 名称由原实体表 A + 原实体表 B 构成。物理名称由 t(table) + 下画线 + 业务名 + 表功能名称组成。

【例】概念表名称: 用户角色表 = 用户表 A + 角色表 B。

物理表名称: t_sys_user。

(2) 视图名称 (概念名称与物理名称)

【概要】视图名称与 ID 与 ER 图里设计的一致。

【构成】v + 下画线 + 视图功能名称。

【例】v_user_org。

B4 《页面 UI 设计规约》

1. 目的

本页面概要设计 UI 规约 (简称 "UI 规约") 是针对某某系统 (以下简称 "本系统") 所规定的页面约定, 其目的有两点。

① 为用户提供统一的网站系统接口。

② 明确具体的可访问性与可用性方针。

2. 通用性

本系统以通用性设计为根本考虑点进行设计, 需要遵循以下规约。

① 开发 Web 网站系统时要遵循最新 W3C (World Wide Web Consortium) 的技术标准, 同时要兼顾可访问性的其他辅助标准。

② 要考虑利用者与系统交互的效率, 同时不需要借助特定的额外输出/输入装置。

③ 对于高龄者或者轻微视觉、听觉障碍者, 为其使不在本网站 Web 系统取得信息时有障碍, 需要考虑内容的表现形式及操作方法。

④ 不要让利用者因为经验、知识、文化、语言的差异而产生误解或者不足, 要构建一个容易理解的系统。

3. 基本方针

(1) 客户环境

本系统使用范围为利用 PC 的 XX 用户群。

① 客户对象浏览器。

Microsoft Internet Explorer 11 以上, 其他浏览器不在品质担保范围内。

浏览器设定如附表 B4-1 所示。

附表 B4-1　浏览器设定

编　　号	设 定 项 目	设 定 内 容
1	JavaScript	On
2	Cookie	On

② 浏览器像素。

a. 1024×768 像素以上。

b. 全页面表示时的大小，也就是有效显示领域。

（2）使用规定

① 使用语言。

a. 以 W3C 推荐的 XHTML 1.0 为标准。

b. 以 W3C 推荐的 CSS1、CSS2 为标准。

② XHTML 及 CSS 使用方法。

a. XHTML：用于构造页面要素内容。

b. CSS：用于页面要素内容的显示形式。

（3）页面要素

① 操作性。

a. 链接或者表单组件，要根据 TAB 键设定的顺序来移动。

b. 光标的初始位置。

➢ 如果有输入框时，在第一个输入框。

➢ 如果是确认或者结束页面，需要在确认按钮或者结束跳转按钮上。

➢ 其他情况任意。

c. 一个人利用键盘与鼠标可以完成所有操作。

d. 页面之间不使用自动跳转的部件。

e. 不使用需要定期更新的部件（如需要，可用浏览器下载或者更新某插件，目的是降低使用者使用的复杂性与排斥感）。

f. 对动作键不进行控制（如〈F5〉键等，不进行屏蔽控制）。

② 显示。

a. 不使用忽明忽暗的要素。

b. 链接之间要至少有一个半角空格进行间隔。

c. 在理解或者操作页面元素时所需的必要信息，不应该依存于某种形式或者位置。

d. 网站地图要井然有序，提供适当的字体及行间距等。

e. 页面内不使用页面转移的元素（例如：单击图片后就转移到新的页面，显示图片信息）。

③ 脚本与插件。

a. 不使用 ActiveX、JavaApplet、Flash 等这些插件。

b. 不使用依赖于浏览器的种类及版本的脚本语言或者标签库。

④ 文字编码。

统一使用 UTF - 8。

⑤ 文字种类。

不使用 GB 2312 规定外的特殊文字。

⑥ 图片。

a. GIF 格式，用于图标（Icon）等形式的图片。

b. JPEG 格式，主照片等形式图片。

c. PNG 格式，图表等形式的图片。

d. 图片大小不要超过 1 MB。

⑦ 字体。

a. 标准字体大小使用浏览器默认的大小。

b. 错误消息字体大小使用 14pt。

⑧ 颜色。

a. 主要使用色系为深绿色，具体 16 位编码值如附表 B4-2 所示。

附表 B4-2 页面基本色系

编　　号	分　　类	16 位编码值	颜 色 示 例
1	基本颜色	#FFFFFF	
2	页面背景色	#F5F0EF	
3	标题背景色	#229E2E	

b. 链接的颜色使用默认值即可，如附表 B4-3 所示。

附表 B4-3　链接颜色

编　　号	分　　类	颜 色 示 例
1	没有访问的链接	
2	访问后的链接	

c. 为了强调一部分文本内容或者错误消息要用红色，如附表 B4-4 所示。

附表 B4-4　强调颜色

编　　号	分　　类	16 位编码值	颜 色 示 例
1	强调内容	#ff0000	
2	错误消息		

d. 根据颜色来表现的内容，如果颜色不能够显示出来，也要让客户理解本来的原意。

e. 在前景色与背景色混合的页面中，也要让有色盲症或者只能够识别黑白色的客户可以区别。

4. 页面转移

（1）输入系

从菜单进入输入页面，为了防止输入错误需要有确认页面（并非所有系统都要有确认页面，应根据客户需求决定），最后到结果页面，如附图 B4-1 所示。

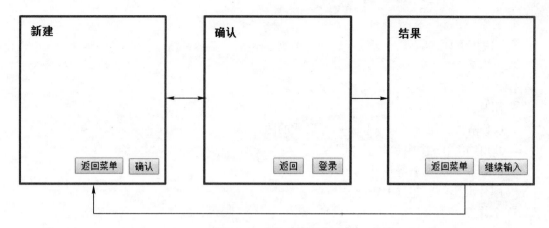

附图 B4-1　输入系示意图

（2）参照系

从菜单进入检索页面，单击"检索"按钮显示检索结果一览，选择某一条数据进入参照页面，如附图 B4-2 所示。

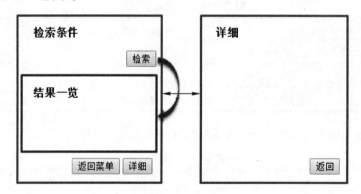

附图 B4-2　参照系示意图

（3）修改系

从菜单进入检索页面，单击"检索"按钮显示检索结果一览，选择某一条数据进入修改页面，之后进入确认页面，最后是修改结果页面，如附图 B4-3 所示。

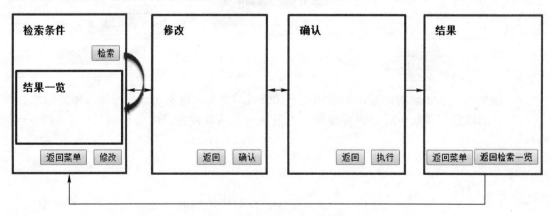

附图 B4-3　修改系示意图

① 修改页面。

修改页面要有修改前后项目的修改对比效果，修改前所有项目为非活性（用于参照），修改后的项目默认值与修改前一样。对页面项目元素排版时，如果页面元素少（30 以内），只需要一列显示即可，此时的修改页面，左侧为修改前信息，右侧为修改后信息。如果元素多（30 以上），则需要考虑两列或者 3 列（最多 3 列）来排列，此时的修改页面，修改前后的元素可以上下安排，排列时，上下或者左右只能采取一种方式，如附图 B4-4 所示。

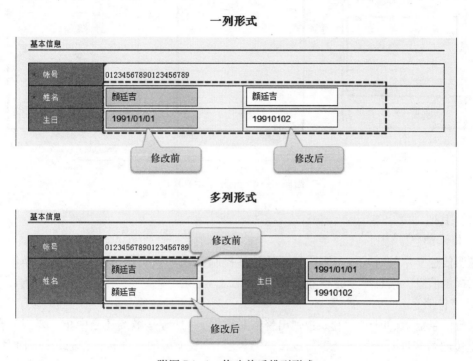

附图 B4-4　修改前后排列形式

② 确认页面。

确认页面要将有修改变化项目的背景色设置成浅黄色，用于提示其项目已被修改，如附图 B4-5 所示。

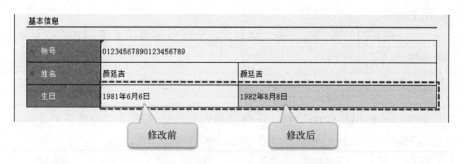

附图 B4-5　修改前后背景色

（4）删除系

从菜单进入检索页面，单击"检索"按钮显示检索结果一览，选择某一条数据进入删除确认页面，最后是删除结果页面，如附图 B4-6 所示。

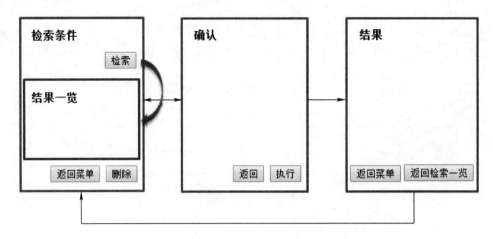

附图 B4-6　删除系示意图

（5）其他

① 提示消息。

说明信息显示的时候，不需要特别的转移控制（例如：利用 Ajax 在某一个操作完成时显示的提示信息，信息显示完毕随即消失）。

② 警告消息。

警告信息显示的时候（例如：弹出警告对话框），处理是继续还是中止，要用户自己判断（上传同名文件时，给出是否可以覆盖的提示）。页面一般不会转移，而是回到本页面。

③ 确认消息。

确认消息显示的时候，处理是继续还是中止，要用户自己判断（例如：删除某一条数据时给出的弹出确认对话框）。如果继续，那么会转移到处理页面；如果中止，那么保留在本页面。

5. 页面构成

（1）使用 Frame

使用 Frame 进行页面的分割时，在主要内容显示区域不要再次使用其进行页面分割。

（2）基本构成

① 版面设计。

a. 网站全体分为头部、菜单、内容 3 部分。

b. 页面文字大小如果是"中"且 3 屏还显示不完的话，则需要考虑分页来展示。

c. 如果出现纵向滚动条，那么需要适当放一些引导到顶部的锚点链接。

d. 不是特殊情况，不使用横向滚动条。

② 各构成要素包含的内容如附表 B4-5 所示。

附表 B4–5　页面内容要素

编　号	分　类	内　　容
1	头部	① 系统商标 ② 系统名称 ③ 主页转移按钮 ④ 登录系统用户名称 ⑤ 退出系统按钮
2	菜单部	① 各菜单按钮 ② 帮助按钮
3	内容部	① 各功能业务内容 ②"确认""返回"等操作按钮 ③ 最底部为著作权信息 （Copyright © 2017 365itedu CORPORATION）

③ 各阶层版面设计图样。

a. 菜单页面如附图 B4–7 所示。

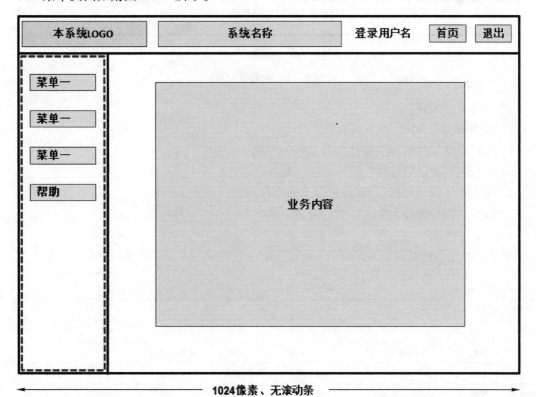

附图 B4–7　菜单页面排版

b. 内容页面如附图 B4–8 所示。

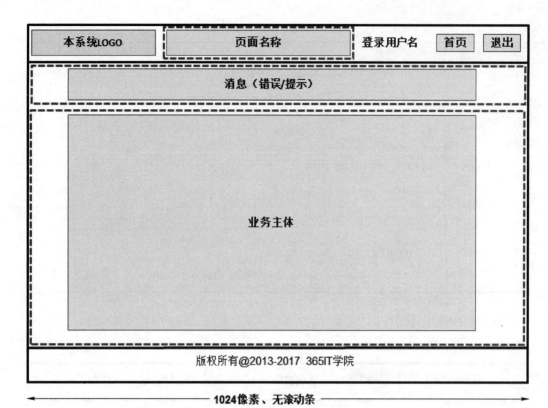

内部文字说明：

本系统LOGO　　页面名称　　登录用户名　首页　退出

消息（错误/提示）

业务主体

版权所有@2013-2017　365IT学院

1024像素、无滚动条

附图 B4-8　内容页面排版

④ 页面部件配置。

a. 页面部件要纵向左侧对齐排列。

b. 文本框等部件的标签要放在其部件的左侧。

c. 表、表的列标题、行标题等要中间对齐。

d. 页面主体四周要保留 10 像素以上的空白空隙。

e. 部件之间要保持 3 像素以上的空白空隙。

（3） 显示格式

页面项目主要的显示格式如附表 B4-6 所示（包括输入系、确认页面时的显示格式）。

附表 B4-6　各种页面元素显示格式

编号	项　目	格　式	例　子	对齐方式	备　考
1	日期	yyyy/mm/dd	2018/01/01	中间	月与日为 1 位时，要在前面补齐 0
2	时刻	hh:mm:ss	17:12:13	中间	24 小时制显示
3	金额	nnn,nnn,nnn	12,345,678	右对齐	带千分号
4	数值	nnn,nnn,nnn	12,345,678	右对齐	带千分号
5	文字	NNNN	颜廷吉	左对齐	不定长文字
6	数据字典	NNNN	登录中	中间	数据字典，无论是 Code 本身还是 Code 对应的文字，都是定长文字，因而中间对齐
7	电话号码	区号-电话号码	010-8888888	右侧对齐	需要使用中间分隔符

编号	项 目	格 式	例 子	对齐方式	备 考
8	手机号码	nnnnnnnnnnn	13999999999	右侧对齐	不需要使用千分号
9	邮编	nnnnnn	276000	右侧对齐	不需要使用千分号

（4）输入格式

① 页面元素主要的输入格式如附表 B4-7 所示。

附表 B4-7　各种页面元素输入格式

编号	项 目	格 式	例 子	对齐方式	备 考
1	日期	yyyymmdd	20170101	左侧	可以采用 JS 辅助输入
2	时刻	hhmmss	191112	左侧	此格式以外，报错误
3	金额	nnnn	12345678	右侧	自动补充千分号
4	数值	nnnn	12345678	右侧	自动补充千分号
5	文字	任意	颜 2017	左侧	输入什么数据显示时也要显示什么数据
6	编码列表	NNNN	登录中	左侧	不需要显示 Code 值
7	电话号码	区号－电话号码	010－888888	左侧	需要使用中间分隔符
8	手机号码	nnnnnnnnnnn	13999999999	左侧	不需要使用千分号
9	邮编	nnnnnn	276000	左侧	不需要使用千分号
10	一览（数据条数）	共 n 条	共 101 条	右侧	检索出的符合条件的总件数。与页码数一起单独占一行，在一览数据的右上方
11	一览（页码数）	（n/k）页	（1/3）页	右侧	总页码及当前页码
12	一览（页面转移）	$\leqslant$ $<$ n n + ＋ ＋ n n $>$ $\geqslant$	首页 $\leqslant$ $<$ 1 2 ＋ ＋ 9 10 $>$ $\geqslant$ 末页	中间	向前：可以向前一页，向前十页，直接到首页形式的翻页；向后亦然

在上表中，输入项是日期的时候，有时需要提供文本框，进行数据的输入，如附图 B4-9 所示。

附图 B4-9　日期格式

在上表中，输入项是金额时，需要自动加入逗号（当光标离开输入框时，自动进行格式转换），如附图 B4-10 所示。

附图 B4-10　金额格式

② 输入项。

对于页面必填项，要在标签后添加"＊"，且字体颜色要用红色，给客户明显提示。

（5）消息

① 在页面内容部分的上部显示。

② 显示时，需要有图标、消息编码、消息内容 3 部分。

消息种类如附表 B4-8 所示。

附表 B4-8　消息种类

编号	消息种类	图标	字 体 颜 色	内　　　容
1	提示	ⓘ	黑色（#000000）	向使用者提示系统处理内容。如：5 件数据登录完毕
2	警告	⚠	粉红色（#FF0080）	向使用者确认系统处理内容。如：可以覆盖数据吗
3	错误	✖	红色（#FF0000）	向使用者传递系统发生的错误。如：数据库连接失败

（6）页面元素

① 页面主要元素。

页面主要元素一般有 10 种，其使用场合与注意事项等详细信息如附表 B4-9 所示。

附表 B4-9　页面主要元素

编号	图　　示	中文名称	英文名称	使用场合	注 意 事 项
1	Submit	按钮	button	处理操作或者页面转移时使用	① 按钮不需要图片背景，用 CSS 控制式样 ② 按钮长度分为 3 种： ● 短：放 2~4 个文字 ● 中：放 5~8 个文字 ● 长：放 9~12 个文字 注：再长的按钮文字，需要考虑精简
2	◉	单选按钮	radio	多个并且是固定成组的选项里选择一个时使用	① 最多可以有 5 个，再多的话需要考虑使用下拉列表 ② 单选按钮要成组排放 ③ 相应标签要放在单选按钮的右边 ④ 单击标签亦可以选择（提高易用性） ⑤ 初始化时可以设定默认值
3	☑	复选框	checkbox	对于固定项目选择任意一个或者多个时使用	① 对应的标签文字需要放在复选框右侧 ② 对应的标签文字需要用肯定语句 ③ 点击标签亦可以选择（提高易用性） ④ 初始化时不选择默认值
4	▭	文本框	text	需要输入/输出数据时使用	① 文本框对应的标签名称放在左边 ② 文本框高度默认即可 ③ 文本框长度分为 6 种（亦可以用像素 px 来规定）： ● 特短：放 0~2 个文字 ● 短：放 3~5 个文字 ● 一般：放 6~10 个文字 ● 中：放 11~20 个文字 ● 长：放 21~30 个文字 ● 超长：放 31~60 个文字 注：特殊情况需要与 PM 商量来决定表现形式
5	富文本框	富文本框	textarea	需要多行输入信息时使用	① 文本框对应的标签名称放在左边 ② 不要有横滚动条 ③ 可以有竖滚动条 ④ 大小固定为 3 种： ● 小：cols = "100"，rows = "5" ● 中：cols = "200"，rows = "5" ● 大：cols = "200"，rows = "10"

编号	图示	中文名称	英文名称	使用场合	注意事项
6	下拉框 ▼	下拉菜单	select	多个动态选择项选择一个时使用	① 显示顺序根据系统业务要求调整，但是要统一 ② 宽度要可以显示所有文字列表 ③ 第一个下拉菜单内容为空白 ④ 下拉菜单内容不要超过 30 个文字 ⑤ 选择项目超过 30 的话，可以考虑兼顾使用弹出选择页面
7	标签	标签	label	显示文字内容时使用	① 不要超过 30 个文字 ② 文本框等输入项对应时，标签要靠左对齐
8	100 200 300 400 500 600	表	table	显示一览信息时使用	① 表头用 hr 表示 ② 不要用横向滚动条
9	365IT 学院	链接	a	需要显示图像或者文字代表的详细内容时使用	① 链接文字数不要超过 30 个 ② 链接部分的内容信息，只需要能够表明这一部分是转移目标页面就可以（例如：专门写上「这里是链接」，这样的表现形式是不专业的，需要避免） ③URL 不要显示出来
10	365IT学院官网 ×	标题	title	显示页面名称时使用	页面标题文字长度不要超过 30 个

② 基本按钮。

页面基本按钮如附表 B4-10 所示，其他业务按钮根据业务需求进行定义。

附表 B4-10　基本按钮

编号	按钮名称	功能	页面位置
1	新建	信息第一次登录数据库时使用	内容主体右下
2	添加	增加数据时使用	内容主体右下
3	修改	信息修改操作时使用	内容主体右下
4	删除	信息删除时使用（页面删除为非物理删除）	内容主体右下
5	执行	执行某个处理时使用	内容主体右下
6	检索	根据检索条件进行检索处理时使用	检索条件右下
7	确认	新建、添加、更新、删除操作内容确认时使用	内容主体右下
8	计算	计算时使用	内容主体右下
9	保存	保存数据时使用	内容主体右下
10	返回	保持页面信息不丢失的情况下返回前一页面时使用	内容主体右下（同行，有其他按钮时放在最左侧）
11	返回菜单	返回各页面的菜单页面时使用	内容主体右下（同行，有其他按钮时放在左侧）

③ 其他页面元素。

a. TAB 顺序。

按〈Tab〉键，光标要在页面元素上按由上到下、由左到右的顺序移动。

b. 样式（CSS）。

为统一管理，所有样式要放在样式文件中，不要单独在各个标签里写。

c. 脚本。

脚本要放在其相应文件内，不要放入各页面标签内（例如：JavaScript 要放在 XX. js 文件内，而不是放在 XX. jsp 文件内）。

d. 输入验证错误。

输入框等验证错误时（单项目验证与相关项目验证），输入框的背景要变成粉红色进行提示。

e. 其他。

➢ 不要在单词内留有空格。

➢ 不要使用 ASCII 码表情符。

➢ 不要使用没有意义的记号。

➢ 不要使用特殊数学表达式。

➢ 尽量使用中文，不使用英文来表现（可用在中文后的括号内说明）。

在有特殊情况时需要及时与 PM 商量，来决定表现形式。

（7）检索

① 检索条件。

a. Code、日期等完全一致检索。

b. 特殊有意义编号等前方一致检索。

c. 住所、名字等部分一致检索。

② 检索结果。

a. 检索件数在一览右上侧显示。

b. 一页最大显示条数为 20 条，超过 20 条要有翻页标签。

c. 翻页标签要有一次一页（向前与向后）、一次 10 页（向前与向后）、最后页、最前页转移入口。

d. 页面最大有 10 个翻页链接入口。

e. 详细页面转移时，提供各行转移的按钮（或者链接）。

f. 如果转移用的是按钮，要放在最右侧；如果是单选按钮，要放在最左侧。

g. 检索结果为 0 件的时候，需要给出提示信息。

h. 检索结果超过最大件数 1000 件时，需要给出警告信息并提供目前检索数据。

6. 报表

① 报表内容要可以在 A4 页面显示。

② 横纵设计应根据数据项目需求。

③ 注意整体报表布局、防止数据项目顺序不合理、结构关系不明确甚至错误。

④ 行、列的宽与高要统一，大小适合。

⑤ 项目为数字时，需要显示业务允许的最大数据。

⑥ 需要一行显示的项目很多时，可用横向设计，亦可以通过缩小字体来增加必要项目。

B5 《阶段性品质分析报告》

1. 目的

本书是某某系统（以下简称"本系统"）详细设计阶段设计书成果物制作的品质分析报告（以详细设计品质分析报告为例）。

2. 对象

汇报对象是详细设计阶段完成的详细设计书的品质评价，做成的对象成果物一览如附表 B5-1 所示。

附表 B5-1 对象成果物一览

编 号	功 能	分 类	成 果 物	备 注
1	登录	联机	XX 登录处理	
2	登录	批处理	XX 批处理	

3. 计划

本阶段内计划如附表 B5-2 所示。

附表 B5-2 开发计划

项 目	分类	1 月	2 月	3 月	4 月	5 月
设计方式确认	预定	- - - →				
	实绩	──→				
批处理设计书	预定	- →				
	实绩	─────────────────→				

4. 评审

（1）评审期间

本阶段内评审期间如附表 B5-3 所示。

附表 B5-3 评审期间

评 审 种 类	实施期间	
	预定	实绩
社内评审	1 月 20 ~ 5 月 20	1 月 21 ~ 5 月 18
客户提示	3 月 20 5 本	3 月 20 5 本
	4 月 20 12 本	4 月 20 12 本
	5 月 20 17 本	5 月 20 17 本

（2）评审内容

本阶段内评审内容如附表 B5-4 所示。

附表 B5-4　评审内容

评审种类	实施内容（确认点）	资料一览
社内评审	① 品质项目是否注入 ② 成果物的一惯性 ③ 设计者误解释的摘出 ④ 实现方法是否有错 ⑤ 是否违反标准	① 详细设计书 ② 详细设计书检查表 ③ 概要设计书检查表 ④ 设计方针一览 ⑤ 错误记述报告单
客户评审	与客户要求矛盾的地方和问题	设计方针

5. 团队

本阶段内的团队如附图 B5-1 所示。

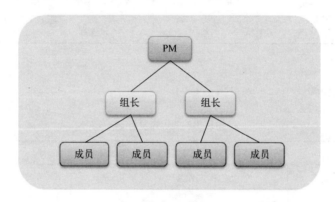

附图 B5-1　评审团队

6. 品质确保

为确保品质，在详细设计时采取了以下措施。

① 对详细设计书制作规范、名称赋予基准、作业要领、品质项目检查表、注意事项等进行了全员教育。

② 对评审过程中发现的共同性的问题进行了横展开应对。

③ 考虑到设计者业务的熟练程度与效率，对功能类似的式样书分配给同一人进行设计。

7. 品质状况

（1）评审实施状况

① 组内评审与项目内评审都按照计划实施完毕。

② 有经验者参与了评审。

③ 评审实施后，迅速进行错误修正。

④ 所有错误记述报告单都已应对完毕。

（2）品质标准值

品质注入阶段品质标准值参照表 2-2、表 2-3。

8. 中间评审

中间评审根据项目大小及实际情况决定实施与否。如果实施，根据情况对实施品质强化，并对强化结果做分析报告。

9. 最终评价

（1）定量评价

① 全阶段详细设计总体品质评价。

全部业务错误密度为 16/100 页，在上限值之内。业务内容没有偏离，另外，各业务模块分别根据品质情况实施品质强化，详细信息参照 5.4 小节。

对设计过程中发现的品质问题全部进行了横展开应对，经过品质强化，可以断定本阶段设计品质合格，品质能担保。

② 各业务功能模块品质详细评价。

详见设计品质管理表。

（2）定性评价

① 错误一览，如附表 B5-5 所示。

附表 B5-5　错误一览

总　　计	类　　别		件　　数	合　　计
实故障	1：设计遗漏	14	185	498
	2：设计错误	22		
	3：说明内容不明确	118		
	4：违反标准	18		
	5：重用错误	13		
非故障	6：记述不良	148	313	
	7：设计待改善	26		
	8：非错误	139		

② 整体定性分析，如附表 B5-6 所示。

附表 B5-6　定性分析

编　　号	分析角度	分析内容
1	品质项目检查表	XXX
2	一致性	XXX
3	特定程序	XXX
4	特定业务	XXX
5	特定人	XXX
6	特定阶段	XXX
7	重大问题	XXX

③ 重大错误分析。

对于"1：设计遗漏"与"2：设计错误"，需要重点进行分析，详细情况如附表 B5-7 所示。

编号	错误原因	件数	错误详细	分　析
1	确认不足	3	【业务理解不足】 ■ DLXXXX 业务 ① 排序条件漏掉一个 ② 编写项目累计值的计算漏掉	【根本原因】 在设计者业务知识不足、理解不足的情况下，就进行了设计 【对策】 本功能内全部抽取条件横展开确认并让有经验者进行评审确认 【再发防止】 让有经验者在各个业务设计前，进行业务说明，加深需求的理解
2	XXXX	3	【业务理解不足】 ■ DLXXXX 业务	【根本原因】 XXXX 【对策】 XXXX 【再发防止】 XXXX

④ 其他错误分析。

对于非重大错误，需要给出概要分析说明，如附表 B5-8 所示。

附表 B5-8　其他错误分析

类　　别	错误原因	件　数	分　　析
3：说明内容不明确	XXX	X	【根本原因】 【对策】 【再发防止】
4：违反标准	XXX	X	【根本原因】 【对策】 【再发防止】
5：重用错误	XXX	X	【根本原因】 【对策】 【再发防止】
6：记述不良	XXX	X	【根本原因】 【对策】 【再发防止】
7：设计待改善	XXX	X	【根本原因】 【对策】 【再发防止】
8：非错误	XXX	X	【根本原因】 【对策】 【再发防止】

⑤ 设计者成绩分析。

在进行品质强化之前，对所有设计者品质问题进行了分析，进行针对性的教育以提高品质，如附表 B5-9 所示。

附表 B5-9　设计者成绩分析

编号	设计者	业务技能	担当模块数	总页数	错误密度	错误详细							
						1：设计遗漏	2：设计错误	3：说明内容不明确	4：违反标准	5：重用错误	6：记述不良	7：设计待改善	8：非错误
1	甲	◎①	10	300	14	2	2	3	2	2	7	7	17
2	乙	○②	8	200	16	3	2	3	1	4	5	2	12
3	丙	△③	6	100	24	3	2	3	3	2	0	1	10
4	……												

① ◎表示 SE A 级别。

② ○表示 SE C 级别。

③ △表示 SE D 级别。

从上表可知，丙在品质强化实施前执笔的设计书，参数错误、名称错误等单纯的失误发生倾向比较高。通过教育加强自我评审意识后，单纯失误大量减少，后续作业品质得到担保。

（3）品质强化

详见品质强化分析报告。

10. 综合评价

品质评价对象的 4 个业务的错误密度、错误现象，各模块都没有大的偏离，并对品质数据进行了定量与定性分析。根据错误原因进行了两次品质强化，同时实施了再发防止对策等品质管理工作。因此，综合分析结果显示本阶段品质得到担保。

下一个阶段做好品质担保需要实施以下对策。

① 编码之前，需要安排各种详细设计规约说明的进度。

② 品质管理团队要专人负责，对编码阶段的品质计划的支持，每日品质数据的收集、确认，问题的分析等工作做专项支持。

11. 其他事项

残留课题、未解决事项等，如果有都需要记入。

B6　《强化测试品质分析报告》

1. 目的

20××年××月××日，在品质判定会议上决定对品质不合格的 A 项目 3 个功能 20 个模块实施了强化测试 3（IT1 测试），对其品质状况及改善建议进行汇报。

2. 实施期间与作业场所

期间：20××年××月××日～20××年××月××日（3 天）。

场所：A 楼 15 层，数据的收集与故障分析。

A 楼 16 层，数据分析与报告书制作。

3. 分析支持成员

组长：颜某。

组员：周某、尹某。

4. 分析素材

现时点的品质管理表与强化试验 3 的故障处理报告单。

5. 故障处理报告单定量分析结果

① 故障处理报告单定量分析结果如附表 B6-1 所示。

附表 B6-1　故障分类与件数分析

故障种别	分　类	件　数	合　计	总　计
实故障	外部设计错误	14	225	320
	内部设计错误	32		
	编码错误	168		
	修改失误	8		
	其他	3		
非故障	误操作	14	95	
	不可再现	6		
	指摘失误	39		
	重复	34		
	文档不良	2		

② 规模变化。

故障修改后，部分模块规模有很大变化。对于增减的部分，如果没有实施 Degrade 测试及增减代码相应的测试的话，那么残留 IT1 级别故障的可能性就比较大。

6. 实故障分析

（1）异常模块的检出

在一部分模块里检出了很多故障，说明编码品质非常差而且非常显眼。具体模块可以参考强化测试 3 品质管理表。

（2）定性分析评价

首先分析具体的特定事项，根据分析的角度不同，给出相应的改善对策，如附表 B6-2 所示。

附表 B6-2　分析评价结果

编　号	分析角度	分析内容
1	品质项目检查表	通过品质项目检查表检查出的故障占据大半。利用品质项目检查表应该在品质强化 1、2 中发现的很多故障，都没有发现
2	一致性	式样还有问题，因此式样书与代码的整合还需要进一步实施，以提高品质
3	特定程序	在强化测试 3 中，异常系输入数据的变化种类没有做全（根据测试用例来看，没有用图表法进行编写）
4	特定业务	个别模块的故障数比较多，模块品质是比较差的；可是从强化测试 2 中看出，0 个故障的模块很多。由此分析，对于这些模块应该是没有实施测试。因此需要调查强化测试是否确实实施了，如果实施了，测试用例的编写就很有问题，需要进一步调查
5	特定人	有问题模块的编码者大部分为周某与尹某，因此可以推断这两位成员所负责的所有模块基本都有问题，需要特别进行强化评审

编　号	分析角度	分析内容
6	特定阶段	强化测试 2 中相关模块仅测出 1 个故障，强化测试 2 是否实施了，需要调查确认
7	重大问题	业务逻辑遗漏等重大故障发生，因此 UT 与 IT1 阶段的故障收束还不能下结论，还有故障残存的可能性，还不能确保品质

7. 非故障分析

非故障的件数非常多，根据以下分析，需要进一步调查。

（1）指摘失误

约 1/2 的故障都是指摘失误。这些指摘失误有可能是设计问题，因此建议找有经验的人从设计角度重新对式样进行评估。如果是设计问题，那么可以按照式样变更进行。

（2）重复故障

约 1/3 的故障都是重复故障。重复故障不但造成很大的项目资源浪费，更重要的是严重影响成员士气，这都是 PM 的责任，因此一定要做好故障处理流程管理。

本案例中的这些重复故障，还需要进行以下调查。

① 是不是测试流程出现了问题？因为进行了多次强化测试，第一次测试发现的故障还没有来得及修改，第二次又进行了同样的测试。

② 是不是程序本身的原因？如果是，那么需要再次进行以下调查。

a. 这些重复性的故障，是不是共通模块出现的问题？

b. 是不是没有抽取共通，在个别业务里出现了相同的错误？

8. 结论

下面的事项需要尽早实施。

① 对于品质不良的模块，要根据对其所做的改善建议对策来实施。

② 对于整个项目来说，需要增加有经验者（业务高手与代码高手进行搭配）对异常处理逻辑及代码与式样冲突的地方进行检查。

③ 对于规模增减的模块，要实施 Degrade 测试、增加测试等。

附录 C　品质管理术语

必然品质

必然品质又称"当然品质"或"基本品质"，指符合产品（或服务）基本规格的品质，即客户认为是理应具备的品质特性。

满意品质

满意品质又称"一维品质"。这一层次的品质特性是客户要求并希望提供的。

魅力品质

魅力品质，也称"二维品质"或"客户愉悦品质"。魅力品质理论是由日本著名的品质管理大师东京理科大学教授狩野纪昭提出的。这一层次的品质特性是通过满足客户潜在需求、超越客户期望，使新产品或服务达到客户意想不到的新品质，给客户带来惊喜和愉悦以使客户钟情着迷。

外部设计

外部设计又称"概要设计"，是软件开发过程中的一个阶段，是以客户视角对软件进行的概括性设计。其主要工作分3部分：第一部分，程序的总体架构；第二部分是分析与设计出客户需要的功能、模块划分、操作页面内容、处理概要、报表形式；第三部分，设计数据概念等内容。

内部设计

内部设计又称"详细设计"，是软件开发过程中的一个阶段，是以开发者的视角对软件进行的具体实现方法的设计。其主要工作是描述外部设计的每一模块是怎样实现的，包括实现算法、逻辑流程，最终形成能独立编码、编译和测试的软件单元。

品质注入

品质注入就是为确保品质，在设计与编码过程中把品质管理的技巧与手法等应用进去的过程。从品质管理流程上来说，品质注入包含需求分析、外部设计、内部设计、编码阶段。

品质验证

品质验证，就是对注入品质的软件产品进行品质检验的过程。从品质管理流程上来说，品质验证包含单元测试、结合测试、系统测试。

设计品质管理表

设计阶段品质管理表，是在外部设计、内部设计阶段用于管理式样书品质管理的表。每条信息以设计书评审轮次为单位进行记录，包括评审前后文档页码、错误现象、错误密度等内容。

测试品质管理表

测试阶段品质管理表，是贯穿于测试中每个阶段的品质管理表，主要包括测试规模、估算的测试用例数、编写及消化的测试项、测试密度、故障预测值、故障实际件数、故障密度及故障收缩率等内容。

品质管理员

品质管理员就是在项目开发过程中对品质进行管理与指导的技术人员。在小型项目中可以由PM兼职，在大型项目中需要专职人员。其主要工作是制订各阶段品质计划，整理品质项目，做出品质管理作业要领，对各个阶段的品质状况进行集约与把握，并指导品质改善，参加各种品质评审与品质会议，定期向PM汇报品质状况。

品质数据

品质数据指的是在品质注入阶段（外部设计、内部设计）及品质验证阶段（单元测试、结合测试、系统测试）为确保品质而进行品质评价的基础数据。

品质水准

品质水准指品质要素所对应的值，例如：目标水准、允许上下限等。

品质目标值

品质目标值指开发中的各个阶段作业之前，为保证本阶段的品质而对品质要素所设定的定量的品质水准值。

品质要素

品质要素指的是评估品质的尺度，例如：评审密度、错误密度、故障密度、测试密度、代码覆盖率、故障收缩率等。

精细化品质管理

国家正在提倡的"工匠精神"，其核心思想，除了要有全面品质管理思想外，还要以魅力品质为要求，以粉丝效应为目的，同时还必须具备工匠精神——对自己的产品精雕细琢、精益求精。精是最佳、最优，是追求最好；精是精致、精湛，是追求品质最高；精是把产品做成精品，把工作做到极致，把服务做到最好，挑战极限。精细化的程度不能靠个人感觉，而要以数据为依据。因此，精细化品质管理就是根据品质数据甚至大数据对其进行客观的定量与定性分析、评价的数字化管理模式。

问题项目

问题项目，也就是说这个项目有很大风险，失败的可能性比较大，处理起来会有很大麻烦，因此需要特别管理与跟踪。

标准错误件数

标准错误件数指项目所定义的外部设计、内部设计阶段的错误检出目标水准值。

标准故障件数

标准故障件数是项目定义的单元测试、结合测试、系统测试各阶段的故障密度目标水准值。

评审密度

评审密度是设计阶段每轮设计书评审时，每页式样书的平均评审时间（分钟/页）。

设计密度

设计密度指的是一页设计书有多少行文字。

错误密度

错误密度又称"错误检出密度"，是外部设计、内部设计中对每个文档品质评价的重要要素之一。具体算法就是每 100 页文档中的错误件数（单位 = 件/100 页）。每个文档的错误密度既是衡量设计书评审是否充分的依据，又是决定是否需要再次评审的条件之一。

故障密度

故障密度又称"故障检出密度"，是单元测试、结合测试、系统测试及客户验收运行测试时代码品质评价的重要要素之一，具体算法就是在 1000 行代码中的故障件数（件/KS）。

通过故障密度及测试密度的值来分析代码品质和测试是否充分，进而判断是否需要强化测试。

测试密度

测试密度又称"需求覆盖密度"，指的是根据测试用例数与测试规模的比例得出的测试深度与尺度（件/KS）。如果测试密度没有满足测试目标值，那么测试用例遗漏的可能性就比较大，因此需要确定是否增加测试用例。

代码覆盖率

代码覆盖率指的是测试时已经执行过的代码与测试对象代码的比例（即 CO 命令行的执行比例），是进行单元测试代码品质评价的要素之一。

测试观点

测试观点指进行软件正常动作确认的着眼点、思考方法，也就是进行软件测试的切入点。其不仅仅是软件测试用例编写的根据，也是软件设计评审时的重要参考。

故障收缩率

故障收缩率指的是以故障检出达成度为评价指标的品质要素。根据故障收缩率的值来判断测试是否充分，是否还需要再测试或强化测试。具体算法就是故障检出数与故障预测数的比例。

计算式为（UT/IT/ST 故障检出数 ÷ UT/IT/ST）故障预测数 × 100%。

语言系数

语言系数指的是所使用的开发语言（COBOL、Java、C 等）的难度系数设定值（1.0 ~ 1.2）。

预测故障件数

预测故障件数指对品质验证阶段（测试阶段）的故障进行估算得出的数据。

计算式为代码规模 × 标准故障件数 × 系统难易度系数 × 语言系数 × 改造系数 × 程序员系数。

周知

周知指对相关关系人进行通知。通常会把通知内容记入周知一览，并对其进行管理。

附录 D　各章参考答案

第 1 章

1. 参照本章 1.1.1 小节。
2. 参照本章 1.2.4 小节。
3. 参照本章 1.3.4 小节。
4. 参照本章 1.4.1 小节。
5. 参照本章 1.5.2 小节。
6. 参照本章 1.5.3 小节。
7. 参照本章 1.5.5 小节。
8. 参照本章 1.6.1 小节。
9. 参照本章 1.7.2 小节。

10. 这个问题的关键是阐明品质管理不好给项目造成的巨大损失。很显然，成本肯定要比预期估算的多很多。实际上，本案例项目最终的费用是原来承包费用的 10 倍！如果是一个小公司，岂不是倒闭了。失败的原因是承包时就发现项目本身有一些风险，却因为公司没有优秀 PM，而且在项目过程中公司没有引起重视，对 PM 的关注与支持又不多。因此，在项目管理过程中，很多明显的只要有基本品质管理技能就可以避免的风险与问题，却因为 PM 缺乏终于铸成大错。所以，品质管理技能是每个想有所成就的程序员都必须掌握的重要技能！

第 2 章

1. 参照本章 2.1.1 小节。
2. 参照本章 2.2.3 小节。
3. 总共有 5 个原则：标准化原则、早鸟原则、持续改进原则、底线原则、体系化原则。
4. 参照本章 2.3.3 小节。IT1:IT2:IT3 = 3:2:1 或者 IT1 > IT2 > IT3。
5. ① 标准件数算法：

单体测试标准件数 = $8 \times 68.4\% = 5.15$。

结合测试标准件数 = $8 \times 23.5\% = 1.88$。

系统测试标准件数 = $8 \times 7.0\% = 0.56$。

验收测试标准件数 = $8 \times 1.1\% = 0.09$。

② 总体故障预测发生件数计算时，需要考虑加权值，这里没有特别说明，全部用默认值。

总体故障预测件数 = $400 \times 8 \times 1 \times 1 \times 0.86 \times 1 = 2752$（件）

6. 参照本章 2.6 节。
7. 参照附录 B5。

第 3 章

1. 参照本章 3.1.1 小节。
2. 参照本章 3.1.1 小节。
3. 参照本章 3.1.3 小节。
4. 参照本章 3.2.1 小节。

5. 参照本章 3.2.2 小节。

6. 参照本章 3.3.2 小节。

7. 参照本章 3.3.3 小节。

第 4 章

1. 参照本章 4.2.1 小节。

2. 参照本章 4.2.2 小节。

3. 参照本章 4.4.1 小节。

第 5 章

1. 参照本章 5.1.1（4）小节。

2. 参照本章 5.1.3 小节。

3. 参照本章 5.1.4 小节。

4. 参照本章 5.1.5 小节。

5. 参照本章 5.1.10 小节。

6. 参照本章 5.1.10 小节。

7. 参照本章 5.4.2 小节。

8. $9\,750 \div (210 + 20 + 30) = 37.5$

9. 看到发生这么多的故障，肯定很吃惊。但是，故障的多少与项目规模有很大关系。如果这个系统规模是 20 000KS 的话，IT 目标水准值为 2.2，那么预测故障就高达 4.4 万个。如果算上非故障数目，应该有 5 万个左右，因此检测出 2 万个，还是不算多的。

10. 毋庸置疑，肯定是很多。如果存在大量没有被解析的故障报告单，这对系统开发来说将是非常危险的事情。如果这种状态持续下去，随着测试的不断积累，最终这个项目将会变成问题项目。为防止这种情况，要彻底地进行"期限管理"。如果有一件超过期限日，那么就需要查明原因，尽快采取行动。

11. 如附表 D-1 所示。

附表 D-1　各测试项目数量

编号	条件1		条件2		条件3		条件4			路径测试种类				
	真	伪	真	伪	真	伪	1	2	3	C0	C1	C2	C3	C4
1	○		○		○					1	1	1	1	1
2	○		○			○	○			2	2	2	2	2
3	○		○			○		○					3	3
4	○		○			○			○	3	3		4	3
5	○			○	○							4	5	4
6	○			○		○	○						6	5
7	○		○			○		○					7	
8	○			○		○			○				8	6
9		○								4	4	5	9	7
合计										4	4	5	9	7

12. 等价类需要两个（例如：4 与 −10）；边界值需要 5 个（最小负实数、绝对值很小的负数、0、绝对值很小的正数、最大正实数）。

13. 参照附录 B6。

第 6 章

1. 参照本章 6.4 节。

2. 参照本章 6.5 节。

第 7 章

1. 以实际大楼的建设进行比喻，概要设计书即外部设计书，是设计图；详细设计书即内部设计，是施工图。概要设计站在客户角度分析系统功能，关注系统由几个模块组成，各模块之间的调用关系等大方向的问题；而详细设计站在设计者角度分析实现方法，关注的是每一个被划分后的模块如何实现等具体问题。

2. 参照本章 7.2.1 小节。

3. 参照本章 7.2.2 小节。

4. 参照本章 7.2.3 小节。

5. 参照附录 B2。

第 8 章

1. 参照本章 8.3.1 小节。

2. 参照本章 8.3.7 小节。

3. 参照本章 8.3.8 小节。

4. 参照本章 8.4 节。

第 9 章

1. 参照本章 9.3 节。

2. 参照本章 9.9 节。

3. 可能很多读者以为是品质，其实正确答案是士气。无论时代如何变迁，在企业管理的要素中，Quality（品质）、Cost（成本）、Delivery（交货期）、Productivity（生产率）、Safety（安全）、Morale（士气）是不变的。而且这 6 项都很重要，任何一个方面没有做好，项目就会变成问题项目。这 6 项最为重要的就是士气，因为项目的执行者是人，如果大家士气低落，那么项目如何才可以完成呢。因此，PM 应经常通过各种方式来提高项目成员的士气。

4. 及时与自己的直接上司联系，向上级汇报并请求上级帮助。

第 10 章

1. 参照本章 10.2.1 小节。

2. 参照本章 10.4.3 小节。

3. 参照本章 10.5 节。

4. 一样。

5. 实故障。

6. N7。

7. 参照本章 10.1.2 小节。

8. 参照本章 10.2.2 小节。

9. 参照本章 10.3.1 小节。

第 11 章

1. 参照本章 11.2.4 小节。

2. 不可以，必须走正规流程。

3. 向自己的上级汇报，并解析解决方案，之后根据流程进行修改。而不能自己随意修改。

4. 五问法如下。

① 设备本身的某个螺钉有次品。

② 设备本身有次品而没有停止工作，传感器坏了。

③ 时间太久了而老化。

④ 点检列表里没有这项。

⑤ 列表完成时的检查机制有问题，没有进行评审检查。

在分析根本原因时，如果第 4 项为个人因素：甲某做检查表时身体不佳、粗心大意而导致。这样的问题是永远不能够根除的。因此，必须找出本组织在构成或者流程上改善的根源。

第 12 章

1. 参照本章 12.4.1 小节。

2. 参照本章 12.4.3 小节。

3. 参照本章 12.4.4 小节。

4. 参照本章 12.5.1 小节。

附录 E　索引

E1　品质管理原则一览

品质管理原则一览如附表 E1-1 所示。

附表 E1-1　品质管理原则一览

编　　号	名　　称	章　　节
1	品质管理解密之一：标准化原则	1.2.3
2	品质管理解密之二：早鸟原则	1.4.2
3	品质管理解密之三：持续改进原则	1.7.2
4	品质管理解密之四：底线原则	2.3.1
5	品质管理解密之五：体系化原则	2.7.2
6	测试原则	5.1.5
7	文档化原则一：模板标准化	7.1.1
8	文档化原则二：记述简明化	7.1.2
9	文档化原则三：内容图表化	7.1.3
10	成果物管理原则：一元化管理	7.2.4

编　号	名　　称	章　节
11	问题管理原则一：期限管理	10.3.6
12	问题管理原则二：一元化管理	10.3.7
13	595 原则	12.6

E2　品质管理技巧一览

品质管理技巧一览如附表 E2-1 所示。

附表 E2-1　品质管理技巧一览

编　号	名　　称	章　节
1	标准化原则实施技巧	1.2.3
2	早鸟原则实施技巧	1.4.2
3	持续改进原则实施技巧	1.7.2
4	底线原则实施技巧	2.3.1
5	品质分析报告写作技巧	2.5
6	体系化原则实施技巧	2.7.2
7	品质注入阶段定量分析技巧	3.2.1
8	评审计划制订技巧	3.3.6
9	评审实施技巧	3.3.7
10	品质注入阶段定性分析技巧	4.2.1
11	内部设计测试用例编写技巧	5.2.4
12	外部设计测试用例编写技巧	5.2.5
13	品质验证阶段定量分析技巧	5.4.1
14	矩阵分析技巧	5.4.2
15	品质验证阶段定性分析技巧	6.3
16	概要设计书制作技巧	7.2.3
17	错误记述报告单制作技巧	10.1.1
18	故障处理报告单制作技巧	10.2.1
19	故障处理报告单填写技巧	10.2.3
20	抱怨应对技巧	11.2.4
21	故障解决技巧	11.2.5
22	五问法分析技巧	11.3.2
23	目标设定技巧	12.2
24	技能修炼之提高自学能力技巧	12.5.1
25	技能修炼之提高研究能力技巧	12.5.1
26	技能修炼之提高创新能力技巧	12.5.1
27	技能修炼之提高解决问题能力技巧	12.5.1
28	技能修炼之提高沟通能力技巧	12.5.1

编　号	名　　称	章　节
29	技能修炼之提高表达力技巧	12.5.1
30	技能修炼之提高说服力技巧	12.5.1
31	技能修炼之提高倾听力技巧	12.5.1
32	技能修炼之提高提案力技巧	12.5.1
33	细节修炼之提高洞察力技巧	12.5.2
34	细节修炼之提高处理能力技巧	12.5.2
35	细节修炼之提高标准化能力技巧	12.5.2
36	毅力修炼技巧	12.5.3
37	胸襟修炼技巧	12.5.4
38	思想修炼技巧	12.5.5
39	责任感修炼技巧	12.5.6
40	真诚修炼技巧	12.5.7

E3　经典案例一览

经典案例一览如附表 E3-1 所示。

附表 E3-1　经典案例一览

编　号	名　　称	章　节
1	经典案例一：软件开发中的"悲剧"	1.2.2
2	经典案例二：日本"软件之王"的发展神话	1.2.3
3	经典案例三：没有后悔药的三星爆炸门事件	1.4.3
4	经典案例四：把握品质数据变化的重要性	2.2.2
5	经典案例五：真正的定量分析	3.1.1
6	经典案例六：品质注入带来的震撼	4.3
7	经典案例七：边界测试不足铸成大错	5.2.5
8	经典案例八：真正的强化测试	5.3.1
9	经典案例九：强化测试品质分析与报告	5.3.2
10	经典案例十：莫忽视错误处理	6.1
11	经典案例十一：故障收缩判断	6.2
12	经典案例十二：如何吸收式样变更	6.3
13	经典案例十三：式样书图表化带来的奇迹	7.1.3
14	经典案例十四：执笔基准要领带来的惊喜	7.3
15	经典案例十五：客户随口要求应对	11.2.5
16	经典案例十六："为什么-为什么"分析	11.3.2
17	经典案例十七：无印良品之细节无敌	12.5.2
18	经典案例十八：红花还需绿叶衬	12.5.7

E4 温馨提示一览

温馨提示一览如附表 E4-1 所示。

附表 E4-1　温馨提示一览

编　号	名　　称	章　节
1	问题项目	1.2.1
2	提高模块化意识	1.3.4
3	软件测试与生产率	1.6.2
4	及时周知	2.7.2
5	定量分析要点	3.1.1
6	区分定量化分析与定量的分析	3.1.1
7	品质管理员	3.3.3
8	先行评审	3.3.6
9	好记性不如烂笔头	3.3.8
10	代码打印评审的重要性	5.1.10
11	重视错误处理	6.1
12	图表更简便	7.1.3
13	统一设计格式的目的	7.3
14	及时改善测试作业要领	9.8
15	及时解决残留事项	10.3.4
16	重视期限管理	10.3.6
17	莫要死板工作	12.4.4
18	彻底交流	12.5.1

参 考 文 献

［1］ 江艳玲．品质精细化管理［M］．深圳：海天出版社，2011.

［2］ 钟朝嵩．全面品质管理［M］．厦门：厦门大学出版社，2006.

［3］ 李炳森．软件质量管理［M］．北京：清华大学出版社，2013.

［4］ 邓卫华．质量体系认证与全面质量管理（TQM）［J］．北京：冶金标准化与质量，2002.

［5］ Project Management Institute. 项目管理知识体系指南［M］．5 版．北京：电子工业出版社，2013.

［6］ 石川馨．质量管理入门［M］．刘灯宝，译．北京：机械工业出版社，2016.

［7］ 石川馨．日本的品质管理［M］．東京：日科技連，1992.

［8］ 菅野文友．ソフトウエアの生産技法（日科技連ソフトウエア品質管理シリーグ）［M］．東京：日科技連，1987.

［9］ 菅野文友．ソフトウエア製品生産工学入門［M］．東京：日科技連，1992.

［10］ 保田腾通，奈良隆正．ソフトウエア品質保證入門［M］．東京：日科技連，2014.

［11］ 神谷俊彦．図解でわかる品質管理［M］．東京：アニモ出版，2015.

［12］ 山田秀．TQM 品質管理入門［M］．東京：日本経済新聞出版社，1992.